The Procrastination Cure

21 Proven Tactics For Conquering Your Inner Procrastinator, Mastering Your Time, And Boosting Your Productivity!

一流自雇者的時間管理術

打敗拖延症，每天只做7件事！

戴蒙．札哈里斯——著
Damon Zahariades

劉奕吟——譯

目錄

CONTENTS

第二部分

二十一招超強時間管理術，幫你戰勝拖延！ 103

打破你對時間管理的既定印象

身為心理師，除了個別諮商之外，演講是我另一個主要的工作。前陣子收到了某單位邀請，希望我去談談「時間管理」技巧。對方貼心的在信中附上職員與長官對此主題的期待，裡頭寫道：

- 希望講師可以提升同仁一心多用的能力。
- 該如何深度工作，同時把所有事情都完美處理好？
- 在緊急狀況時，心情容易受到影響，該如何壓抑這種情緒回到工作？
- 如何快速的讓員工知道，我要他們做的是這個而不是那個？

我一邊構思講座內容，一邊覺得為難。因為，上面提到的幾個「期待」，其實都是時間管理最大的敵人。**我們努力讓自己一心多用、事事完美、壓抑情緒、快速溝通……但是這些努力到最後其實都會導致類似的結果：事情沒做好，然後需要花更多時間收拾，再重新來過。**

後來，我在講座中設計了一些實驗，讓台下聽眾隨機分組。以「一心多用」為例，我讓某些人用「一心多用」的方式完成某些任務，另一組人則用「一心一意」的方式來完成任務。在任務完成後，讓大家當場比較這兩種工作模式的產出品質。在實驗結束之後，當初希望「提升同仁一心多用能力」的主管講話了，他說：「原來我們一直努力的方式根本是錯的！」

我想的沒錯，親自實驗比口頭說明有效許多。是這樣的，很多我們認為可以提升時間效能的技巧，多半未經科學驗證，而是來自個人經驗（某某大師說），或所處文化對某些特質的欣賞與肯定（如「勤能補拙」、「刻苦耐勞」）。

在研究人類思考與大腦功能的「認知心理學」領域，對於該如何有效使用大腦注意力、記憶力、思考力、創造力等，其實已經獲得豐厚的研究成果。但這些知識多半留在學術期刊裡，一般人不易得知原來有這些方法。

因此，在時間管理效能沒有改善時，我們不去懷疑「方法」本身是否有問題，而是更用力逼自己努力。這種無效的努力久了，誰的心不會累呢？久而久之，我們不但容易倦怠，更可能養成拖延的習慣。

是啊！方向不對，努力白費。在閱讀這本探討拖延與時間管理的書時，我驚喜的發現，作者整理的許多方法，與心理學研究是有所呼應的。這些方向正確的策略，非常適合讀者親自做些實驗。

某些觀念乍看雖然違反你對時間管理的想像，但就和我演講時的觀察一樣：在改變「所知」前，不妨先改變「所為」。讓新的「體驗」帶你重新建構「時間管理」的知識——這或許是學習時間管理最有效的方法。

身為偶爾拖延的過來人，感謝本書戰術二、三、七、八的啟發，我在放假第二天就完成了這篇推薦序。相信這是最強而有力的推薦！

臨床心理師／**蘇益賢**

推薦序作者——

臨床心理師，法官學院、公務人力發展學院講師。專長：情緒與壓力管理、職場心理學，著有《練習不壓抑》等書，為「心理師想跟你說」共同經營者。

序章

拖延妨礙我們的時間管理

The Procrastination Cure

01 何謂拖延？

每個人都會拖延。

拖延是一種很普遍的誘惑。即使是理應更了解拖延的生產力專家與時間管理專家，也經常延遲進行他們必須關注的事情。我們不斷的被誘惑，導致我們拖著事情不做，反倒去追求更有吸引力的選擇。

舉例來說，我們會說服自己放棄每天去健身房，選擇待在沙發上，大吃大喝的觀看最喜愛的網飛（Netflix）節目；我們會忽視急需修剪的草坪，選擇去電影院觀看最新的賣座大片；我們會選擇跟朋友出去，而不是為即將來臨的考試念書。

問題是，我們該如何減少這種傾向呢？從根本上來說，該如何減少拖延對我們生活的影響呢？

我們沒辦法消除拖延傾向，因為這是我們天性的一部分。我們會傾向於追求最簡單、最有可能帶來立即性滿足感的事物（即使這麼做不符合我們的長期目標）。

本書可以提供你克服這種傾向所需的工具。

不過，在我們更進一步討論之前，重要的是我們需要先了解何謂拖延，以及從廣義上來說，什麼不是拖延。

拖延的定義

一般而言，拖延被定義為：延遲對某件事情採取行動，轉而選擇去做別件事情。在這種情況下，做別件事情也可以代表什麼事都不做。

但這個定義還不夠充足。它讓人難以分辨出在什麼情況下，拖延事情是合理且實際的選擇。

例如，假設你需要去一趟雜貨店。但是現在是星期六下午，而你知道此刻雜貨店裡很可能擠滿顧客。因此在這種情況下，除非你急需購買某些東西（像是雞蛋或牛奶），否則把你去雜貨店的時間延遲到星期一下午，會是更合理的作法。因為雜貨店在星期一下午比較不會那麼擁擠。

這是拖延的例子嗎？依我之見，若把它定義為拖延，那就過於簡單化了。實際上，這是一個明智的時間管理範例。

那麼，構成實質、損害生命的拖延的本質，是什麼呢？我們多數人從小就認為，拖延就是延遲做某件事的行為，因此，我們會把拖延跟懶惰這項習慣聯想在一起。但如同我們在前述「雜貨店」的例子中所見，懶惰並不是延遲一項任務的唯一原因。

就本書而言，我們將拖延定義為：當**儘早**對某件事情採取行動理應是更好的決策時，卻對這件事情採取延遲行動的行為。舉例來說，這些更好的決策可能是，去健身房，而不是大吃大喝的觀看網飛節目；修剪草坪，而不是去看電影；為即將到來的考試念書，而不是跟朋友出去。

這本書會告訴你，如何在不能同時接受的任務與機會之間，做出更好的決策，以提升你的工作效率，並更適當的管理你的時間。

長期目標與及時行樂

正如你接下來會在「第一部分　我們為什麼會拖延？」中看到，有許多誘發因素會導致我們拖延的習慣。但**我們延遲某些事情的首要原因是，其他事情能在更短的時間內讓我們感到愉快**。

簡單來說，即使我們認為解決攸關未來好處的主要任務很重要，但我們依然更樂意去做能夠立刻獲得滿足感的事。比起未來的獎勵，我們更喜歡現在的獎勵。即使未來獎勵的範圍更大，情況亦是如此。

舉例來說，即使我們知道應該把錢投入退休基金中，我們還是會去購買一輛新車；即使我們知道應該為考試做準備，我們還是選擇跟朋友出去玩；即使我們知道應該去健身房，我們仍選擇觀看最喜歡的電視節目。

我們對當前獎勵的偏好勝過未來的獎勵，這種偏好沒有方法可以阻止，是我們天性的一部分。但是我們可以利用這些知識來訓練自己，克服我們的拖延傾向。**訣竅就是，讓採取行動所能獲得的好處更立竿見影。**

其中一種辦法是，利用一種被稱為誘惑捆綁（temptation bundling）的策略，我們會在「第二部分　二十一招超強時間管理術，幫你戰勝拖延！」中詳細探討。

採取行動的神奇效果

當你從事你認為枯燥、困難，或沒有吸引力的任務時，最大的挑戰就是**開始**。但是，一旦你開始之後，不可思議的事情就會發生：跟這件事有關的焦慮與恐懼，會很快的減少。

想想你最近延遲的一項不吸引人的任務（像是修剪你的草坪、打掃你的浴室、為你的老闆寫報告等）。這項任務可能困擾著你。更糟糕的是，你延遲行動的時間愈長，你的不適感可能就愈強。

當你終於開始著手這項可怕的任務時，會發生什麼事呢？你的不適感與焦慮感（大部分源於拖延產生的內疚感）很可能就此煙消雲散。除此之外，一旦你開始進行任務，你可能會發現繼續做下去其實很容易。

以下是我個人的例子：

我以寫作維生，但我並非總是對寫作充滿興趣。寫一本書（或甚至一篇全面性的部落格文章），需要投入大量的心思。所以，沒錯，許多人都知道我會拖延。

但我發現，一旦我寫下前一百個字（這還不到半頁）就更容易繼續向前進，也更容易再寫下一千個字、兩千個字，甚至五千個字。

採取行動會讓拖延引起的不適感與內疚感消失，也能消除與執行這項任務有關的壓力與擔憂。同樣重要的是，採取行動能為我們提供所需的動力，讓我們繼續進行下去，直到任務完成。

在下一章當中，我會說明，拖延症在我的生活中帶來了什麼樣的負面影響，以及當我終於克服拖延症時，發生了什麼事。我希望你們能夠領會我所描述的挑戰，並且受到啟發，在你的生活中做出積極的改變。

02 我身為慢性拖延者的生活經歷

你可能會發現，我的過去幾乎是個完美的拖延症研究案例。我是一個極端的例子。我幾乎是從艱苦的磨練中學到經驗，而獲得這個課程的博士學位。

不過，別只聽信我的話。你應該自己判斷。以下是我多年前的生活簡述……

每年我都會遲繳汽車註冊卡的更新費用，因而產生罰款。為什麼？因為填寫一張支票，接著在信封上貼上郵票（在網路出現之前），這件事對我來說，顯然太麻煩了。我因為車牌上沒有貼上加州車輛管理局（Department of Motor Vehicles，簡稱ＤＭＶ）所核發的合適的註冊貼紙，因此不止一次我發現我的車被拖走。

更糟糕的是，有幾次當我收到DMV寄來的新的註冊卡和貼紙時，我就把這兩樣東西一直留在我的辦公室裡連續好幾個月。請記住，我是個慢性拖延者。我根本懶得把貼紙貼在車牌上。結果呢？我換來的是更多的罰款與拖車費。

這種拖延事情（即使那件事情非常重要）的傾向，延伸到我生活的各個方面。我遲繳我的汽車保險帳單。我一直等到沒有乾淨的衣服可穿，才拚命的洗衣服。我在感情關係明顯走向終點後，還讓這段關係拖了很久，才結束這段關係。

在大學時期，我會一再拖延為考試做準備；我會等到最後一刻才完成課堂作業；我的朋友都知道要我回電話給他們，幾乎是不可能的事。

大學畢業之後，我進入美國企業界工作，並持續著相同的把戲。我延遲進行重要的專案工作；我一直等到最後一刻才向老闆報告；我忽略一些會議——不是因為我有意決定不參加會議，而是因為我一直拖到會議已經開始才做決定，到了那個時候，我只能忽視這些會議。

儘管我做了如此愚蠢的行為，我的職業生涯還是取得進展了，這個事實讓我感到困惑，也可能讓我沒辦法為美國的企業界說好話。

最後，我離開了企業界，獨自創業。但我依然沒有戒掉拖延的習慣，因此不斷受拖延習慣所苦。譬如，我會延遲為客戶開發新產品；我會延遲追蹤我的廣告費用；我會拖延去調查新的機會。

結果呢？我的事業因此吃了大虧。

當我扭轉局面後，發生了什麼事？

最終，我克服了拖延傾向。（我會在「第二部分　二十一招超強時間管理術，幫你戰勝拖延！」介紹我所使用的戰術。）克服拖延症帶來的影響，無異於生活的改變。

我感受到的焦慮與內疚感更少了。這些感覺被自信心與目標感所取代。我終於覺得我掌握了自己的生活。

我藉由更常採取行動，創造了更多產品、更適當的管理我自己的時間，以及改善我的人際關係（並結束那些沒有結果的關係）。

我的工作效率突然大幅提升。我不僅在更短的時間內完成更多工作，而且還完成了**重要的**工作——推動長期目標的工作。

現在，我偶爾還是會拖延事情。我內心的拖延者仍會不時的出現。但我已經學會控制他。而學會控制他，為我的生活帶來顯著的改變。

在下一章中，我們將討論拖延使你付出的代價——包含在你的日常生活與職業生涯中。

03 拖延對生活與職業生涯造成的代價

我可以肯定，你對於如何更有效的管理你的時間，與提高工作效率感興趣。這是你閱讀這本書的原因。為了達成這些目的，你能憑直覺知道，你所做的每個跟花費時間有關的決定，都會帶來成本。

舉例來說，假設有兩項活動可以供你選擇：活動A與活動B。你不能同時進行這兩項活動；你必須從中選擇一個，然後放棄另一個。在這種情況之下，一項活動變成了另一項活動的機會成本。也就是說，如果你選擇活動A，你就必須放棄進行活動B；反之，如果你選擇B，那麼你就無法進行A。

而這就是為什麼，找出與目標互補的任務與活動非常重要。因為你沒有時間去做所有事情。

以這項原則來思考拖延。每當我們拖延時，我們選擇了一項活動，而不是另一項活動。其中的問題是，我們所拖延的事情永遠不會消失。它們會持續留在那，久而久之它們會需要愈來愈多的關注。

例如，你的草坪會繼續生長，直到你動手修剪它（或雇人幫你修剪）；下週的考試（你還沒有準備好的那一個）不會奇蹟般的被取消；你家的浴室不會自己變乾淨。

這些任務總有一天必須要解決。你拖延做這些事的時間愈長，這些事就會變得愈急迫。

你因為拖延而付出的代價，並非永遠都是立刻浮現的。**真正的成本會透過漣漪效應（ripple effect）變得更明顯，這種漣漪效應會因為你拖延得愈久而擴大，最終會影響你的個人生活與職涯生活。**

拖延對個人生活造成的代價

拖延事情會對你個人生活的四個不同方面，造成負面的影響：

1. 你的人際關係
2. 你的財務狀況
3. 你的健康
4. 你錯失的良機

以下是在各方面拖延，造成的負面影響範例。

你的人際關係

假設你和你的另一半因為有嚴重的分歧，而留下了未解決的問題。你知道這些問題只能藉由認真的（也可能是很困難的）談話來解決。因此，拖延你們之間的談話，只會增加不滿和情感上的距離。

或者，假設你遲遲未回覆朋友即將到來的聚會。這樣做，可能會導致你錯過與他們共度美好時光的機會。

另外，假設你一再拖延為自己與孩子，購買即將舉辦的體育賽事門票。結果體育賽事的門票銷售一空，因而讓你的家人感到相當失望。

你的財務狀況

假設你延遲支付你的信用卡帳單，你會被收取遲繳罰款，還會讓自己的信用狀況處於危險之中。

假設你一直拖延到最後一刻，才要申報你的稅。此時萬一因為緊急情況使你無法按時繳稅，你會因為滯納金和未繳稅罰款而陷入麻煩，你甚至可能因此受到審查。

假設你延遲做出投資決策，那麼延遲做出停損的投資決策可能會造成慘重的損失。

假設你延後為退休存錢。到了六十五歲時，你可能會發現自己沒有足夠的資金，過上舒適的退休生活。

你的健康

拖延甚至有可能成為健康的風險。舉例來說，你生病時遲遲不去看醫生。如果你很幸運，你身體的免疫系統會自行解決生病這個問題。但是，不舒服的感覺也可能是源於嚴重的疾病，需要立刻就醫。如果是這樣的話，延後就醫會造成不堪設想的後果。

假設你拖延不去運動。你告訴自己，你很快就會開始進行每天的鍛鍊計畫，但卻不願下定決心。結果幾個月之後你依然沒有採取行動，沒有為肌肉萎縮、體脂肪增加、甚至心臟衰退做好準備。

假設你已經四十幾歲了，卻延遲安排大腸鏡檢查（colonoscopy）。那麼，你正冒著讓大腸癌（這種癌症生長得很緩慢，如果及早發現，可以成功治癒）擴散的風險。

假設你拖延去做每件事，讓自己因為事情到期、工作堆積成山，而持續處於壓力狀態下。此時，壓力對你的身體、心理，以及行為都會產生負面的影響。

你錯失的良機

拖延傾向讓我們每天都在錯失良機。例如，回想一下，你最近一次遲遲未預訂一間熱門餐廳，結果在下訂時才發現為時已晚的情景。

你是否曾等到要購買機票時，才發現機票價格已經大幅上漲了？或者更糟的是，所有航班都客滿了，因此你被迫等待候補，只能希望有人會在最後一刻取消機位。

假設你遲遲未預訂你最喜愛的酒店的房間，以迎接即將來臨的假期。你認為你有足夠的時間去預訂，但你會沮喪的發現，酒店此刻已經被訂滿了。

假設你家需要新的屋頂。有一間值得信賴的承包商，在它生意清淡的時候，提供了吸引人的折扣。但是你遲遲未採取行動，後來你可能會發現承包商已經被別人預訂，折扣也沒有了。

拖延對職涯生活造成的代價

延遲採取行動，也會對你職涯生活的許多方面帶來傷害。舉例來說，假設你知道有一個很有前途的工作職缺，它是一份非常適合你的工作。但是你拖太久才寄出你的履歷。因此，在你有機會獲得面試之前，這個職缺就已經被他人填補。

假設你從事銷售。你耽擱了追蹤潛在客戶，因為你認為可以明天或後天再聯繫他們，不會有不良影響。但是你的潛在客戶很快便冷靜下來，因此他們變得不會輕易接受你的建議。或者更糟的是，當客戶沒有收到你的消息時，便把生意交給你的競爭對手。這麼一來會導致銷售額下降與佣金減少。甚至，這可能使你升職的機會破滅。

假設你負責為上司做許多重要的報告。你經常拖延做這些報告，迫使你在最後一分鐘倉促的完成。這種習慣可能會導致你遲交報告，或是產生原本可以避免的錯誤，而傳遞了不良資料。這兩種情況都不太可能有利於你的季度績效審核。

簡而言之，拖延症在我們的日常工作習慣中，相當顯而易見。這些習慣決定我們的生產力，當我們愈愛拖延，我們就會變得愈沒有生產力。更糟的是，當被拖延的任務與它們各自的最後期限不斷堆積，我們會愈來愈難有效的管理自己的時間。

上述這些例子，說明了拖延的代價可能比當下顯現出來得更大。拖延習慣會產生漣漪效應，它會嚴重的影響我們的個人生活與職涯生活。

你現在已經了解，拖延會造成什麼樣的利害關係。在下一篇中，我們會介紹在這本書中，你可以學到什麼。

04 在本書中你能學到什麼

《一流自雇者的時間管理術》一書分為三個部分。本書與我的其他書籍一樣，我是根據具體目標，有條理的撰寫本書內容。我鼓勵你先從頭到尾閱讀完這本書，尤其是你如果對某些內容特別熟悉的話。為什麼呢？因為我們在第二部分中所介紹的大部分內容，都是建立在第一部分的內容之上。同樣的，你也會發現第三部分的建議，是建立在第二部分的建議之上。

從頭到尾完整閱讀本書，能夠確保充分受益於每個部分的內容。

請記住，拖延是個難以改掉的習慣。它跟任何一個習慣一樣，你讓它存留的時間愈長，它就變得愈根深蒂固。所以，如果你一直以來都是拖延者，那麼要戒掉這個習慣可能需要花費幾週，或甚至幾個月的時間。

有鑑於此，當你閱讀完本書的所有內容，並且應用第二部分中所描述的每種戰術之後，請你「根據需求」重新回顧章節。我已經以能夠讓你輕鬆根據需求回顧的方式，編寫本書內容。你只需翻開本書的目錄，就能在任何時刻，找到你想重新閱讀的章節。

接下來，讓我們快速瀏覽一下本書中的三個部分。

第一部分

若要解決問題，需要先了解問題產生的**原因**。「第一部分　我們為什麼會拖延？」會詳細的探討這個問題。我們會討論最常見的拖延原因，你肯定會察覺，其中有些原因就是你的誘發因素。

當你閱讀第一部分時，你會發現你並不孤單。我本身的拖延傾向，也與其中幾個原因有關，在這個章節中，我會著重介紹這些原因。過程中，我會說明是哪些原因，並解釋它們如何影響我，以及它們為什麼會影響我。

我的目標是幫助你克服它們。

第二部分

這是這本書的主要內容。雖然內容介紹得很快，但它很全面。在「第二部分　二十一招超強時間管理術，幫你戰勝拖延！」中，你會學到二十幾種有效的戰術，以抑制你的拖延習慣。

我們會逐一討論每個戰術，並探討為什麼它們有用。請記住，這些戰術的應用，都不代表用了其中一種戰術，就要排除其他戰術。當你同時應用所有戰術，你會看到最佳的結果。

第三部分

拖延並非任何時候都是壞事。事實上，拖延有時是合理的。因此，有時候接受拖延而非回避它，是有道理的。

「第三部分　偶爾拖延也無傷大雅，還能增進生產力？」會探索**主動**拖延這個頗具爭議的想法。我們會探討拖延如何提高你的專注度、讓你能夠更合適的分配你的時間，以及在適當的情況下幫助你完成更多工作。

番外篇

當你讀完這本書之後，你可能會有一些跟克服拖延症有關的問題。因此我在本書中加入番外篇這個部分，以回答我在該主題上，最常被問到的問題。

其中有些問題跟第一部分、第二部分，以及第三部分的內容沒有直接的關聯。但是這些問題帶出了值得注意的特殊情況。

邁出你餘生的第一步

在接下來幾頁，我們有許多內容要介紹。但我保證我會迅速介紹完畢。如此一來，你就能夠盡快採用建議，並且看見顯著的結果。

如果你是慢性拖延者，你肯定了解這個習慣對生活帶來的負面影響。我鼓勵你下定決心克服它。你會發現一旦你抑制了拖延傾向，並且培養自己持續採取行動的能力，你就會更能掌控自己的生活。

在下一章中，我會告訴你如何從本書中，獲得最大的價值。

05 如何從本書獲得最大價值

在上一篇中，我鼓勵你下定決心遏止拖延習慣。如果你延遲對這項建議採取行動，我會避免指出這件諷刺的事。

請謹記，除非讀者下定決心去改變，否則任何一本書（無論寫得多麼全面、或多麼好）都不會對他帶來有效的改變，這點非常重要。

因此，**這是從本書中獲得最大價值的第一步：下定決心**。

第二步是找出你自己的挑戰與障礙。在「第一部分　我們為什麼會拖延？」中，我們會探討像是恐懼、懶惰、完美主義，以及消極的自我對話（negative self-talk）等因素。如果這些因素存在你的生活中，請認清這些挑戰的存在。如同我在上一章所說，**我們必須知道為什麼會產生問題，之後才能成功解決問題**。

第三步（可說是最重要的一步），是運用你將在本書中學到的策略與戰術。你在本書中讀到的幾乎所有內容，都是以落實為目的而設計的。為了看到你的生活有積極的改變，實際應用就是最快速、最可靠的方法。當你在閱讀第二部分與第三部分時，希望你能心甘情願的主動根據建議採取行動。

《一流自雇者的時間管理術》是一本設計得很簡短的書。即使是篇幅較長的章節，也會快速介紹完畢。目標是為了幫助你，從**閱讀**盡快進入**運用階段**。

這本書將會為你提供所有所需的工具與資源，以一勞永逸的控制你內心的拖延者。無論你是執行長、學生、企業家、全職爸媽、銷售員、或是自由工作者，這些方法都有效。而且重要的是，無論你個人的情況如何，這些方法都會有效果。

如果你準備好開始堅持不懈的採取行動，藉此控制你內心的拖延者，那麼我們開始吧。

首先來看看：最常見的拖延原因。

第一部分

我們為什麼會拖延？

The Procrastination Cure

為了充分了解我們拖延的原因，區分目前與未來的自己是很重要的。它們兩者同時共存，但卻總是相互衝突。它們時常脫節，因為這兩者由完全不同的事物所驅動。

現在的自己，會被能夠立刻獲得滿足感的活動吸引。未來的自己，對能夠在未來獲得「成果」的活動感興趣。

譬如，未來的自己會願意去運動，以保持強健的身材；現在的自己則寧願坐在沙發上看電視。

一旦你了解你的這兩種身分之間的分裂之後，你就能完全理解自己延遲採取行動的各種原因。

本章節將會詳細探討這些原因。當我們討論每個原因時，請思考它們如何影響現在的自己與未來的自己的決策過程。

原因 1 害怕失敗

害怕在我們的拖延傾向中，扮演著重要的角色。它以各種方式體現，其中最強烈的一種就是害怕失敗。

我們遲遲不願意採取行動，是因為我們害怕做錯事。或者，我們會擔心自己的行為可能帶來不良的結果。同時更重要的是，無論我們假定失敗是私底下或公開發生，都一樣會讓我們延遲採取行動。無論是哪種情況，兩者帶來的都是不愉快的結果，因此我們許多人，都會竭盡全力的去避免這些情況發生。

這種害怕可能起因於許多情況。例如，不熟悉特定任務或流程，可能會使我們有所遲疑。陌生感會使我們更加不確定行動的結果，因而加劇我們對失敗的恐懼。最後，我們會思考是否有必要馬上採取行動，或者是否可以延遲相關任務。

我們對失敗的恐懼，也可能是由過去的經驗所致，而這種經驗通常都有點令人尷尬，甚至是極度不愉快。舉例來說，假設你曾經有過在一大群人面前演講卻搞砸的經驗。這段經歷讓你覺得難堪，以至於它深深刻在你的記憶中難以消除。除非你自此之後又獲得成功參與演講活動的經驗，藉以減輕早期創傷性經歷帶來的感受，否則你可能不會願意再次在聽眾面前演講。或者最起碼，你會想辦法延遲做這件事。

害怕失敗也可能是，人們被反覆灌輸「他可能沒能力做到某件事」的想法所導致。例如，當一個小孩一遍又一遍的被告知，他是個糟糕的學生，那麼他可能會變得害怕參加考試，因而拖延念書。當一位銷售員經常被告知，他的銷售方法是沒效果的，那麼他可能會延遲對新的潛在客戶進行電話推銷。

包括我自己在內，有些人天生對嘗試新事物懷有排斥感。這種排斥感（常會引發焦慮感）會使我們不願意採取行動。事實上，如果可以選擇，我們之中有些人會選擇無限期的延遲採取行動。

如何克服害怕失敗

首先，我們應該了解，害怕失敗是人性的一部分。我們的自我價值感，與追求各種成功的能力息息相關。因此，我們可能會失敗的這種想法，會讓我們感到煩惱。

其次，重新定義失敗的意涵，因為它與你的生活有關。與其將失敗定義為性格缺陷的結果（例如，因為你不完美，因此你註定會失敗），不如將失敗重新定義為單純的意見回饋，也就是指特定行為或戰術是無效的。一旦你這麼做，你就能夠想出不同的方法，並擁有更大的成功機會。**換句話說，把失敗視為有用的資料，而不是你被迫忍**

受的侮辱。

最後，想一想世界上一些最成功的人士，他們在人生不同階段的慘敗經驗。這些人的失敗並沒有阻止他們實現偉大的成就。相反的，失敗驅使他們前進，讓他們充滿追求成功的渴望。

例如，亞伯拉罕・林肯（Abraham Lincoln）在他終於成為美國總統之前，他曾在許多選舉中落敗；電影導演史蒂芬・史匹柏（Steven Spielberg）因為成績不佳，曾三次被南加州大學（University of Southern California）拒絕入學申請；哈利波特系列暢銷書作者J・K羅琳（J.K Rowling），她聲稱自己「曾經歷過史詩般的失敗」，但她的失敗卻成為她成功的動力。[1]

同樣的，籃球明星麥可・喬丹（Michael Jordan）也這麼形容他的NBA生涯與失敗對他的影響：

「在我的職業生涯中，我沒有命中的投籃超過九千次。我輸了近三百場比賽。有二十六次，大家相信我可以投出贏得比賽的一球，但我卻失誤了。我在我的一生中，一次、又一次、又一次的失敗。而這就是我成功的原因。」

為了克服害怕失敗，你可以試想最壞的結果。它可能不如你所想像的糟糕。接著，重新定義失敗對你的意義。思考一下，你能夠如何充分利用它（記住，失敗只不過是意見回饋），而不是讓它阻礙你採取行動。

原因 2 害怕成功

害怕成功和害怕失敗一樣，會削弱人的意志。這種害怕是源於天生對自我能力的憂慮，擔心自己是否有能力達到期望——無論是自己的期望或他人的期望。因此，它會導致許多人延遲採取行動。

舉例來說，假設你的老闆宣布在公司成立新部門，並希望由你來負責領導。你所能做的就是接受這個提議。

一開始，你可能會對領導自己部門的前景感到興奮。你會享有更高的知名度、更多的自主權、升遷，以及合理的加薪。但很快的，你會產生懷疑，讓你開始質疑自己的能力。

你有能力帶領新部門走向成功嗎？你有能力滿足老闆的期望嗎？如果你失敗了，新的部門在你的領導下變得愈來愈糟，那麼會發生什麼事呢？

這些疑問就跟其他懷疑一樣，如果聽之任之，可能會惡化到讓你喪失活動力的地步。

對成功的恐懼，也可能是來自擔心成功帶來的挑戰。例如，假設你將公司成立的新部門，變成行業中的主要競爭者。那麼，接下來會發生什麼事呢？

你的老闆會要求你領導更具挑戰的大型專案嗎？如果你承擔這項假想的大型專案，會使你陷入潛在的失敗嗎？你一直以來引人注目的成功，是否會讓你迷失自己呢？

有時候，害怕成功是來自內疚感。譬如，你可能認為你過去獲得的成功，是來自自己無法控制的因素。因此，你覺得有愧於受到讚賞，也有愧於你過去的成功所帶來的許多機會。你覺得自己像個騙子。

就像害怕失敗一樣，害怕成功是一種自我糟蹋的行為。不管是哪一種情況所致，結果都是相同的：人們會拖延。

如何克服害怕成功

克服這種恐懼的挑戰是，它很容易讓人忽略。我們經常把自己對成功的恐懼，誤認為是單純的拖延症，而不是把它當成我們拖延的**原因**來探究。

首先，找出你因為害怕成功而拖延採取行動的跡象。問問自己，得到讚賞是否會讓你感到煩惱。你是否會擔心其他人把你當成騙子？你是否會擔心自己可能無法兌現承諾？

接著，問問自己，如果你成功了會發生什麼事。你幾乎會發現，你最大的恐懼其實毫無根據。記住，以各種方式體現的恐懼十分強大，因為它隱藏在你看不見的地方。當我們直接面對它的時候，它就會變弱。

最後，問問自己，成功的結果是否與你的目標一致。利用我們前述的例子，假設你公司的新部門在你有力的指導下，獲得很好的成績。你的成功能幫助你實現你生活中認定的重要目標嗎（像是更高的薪水、更高的知名度等）？如果是的話，你可以期待藉由採取行動來實現這些目標。如果不是，你的成功只會帶來些微的影響，因此成功不應該成為讓你煩惱的問題。

無論是哪種情況，透過這個練習你就能夠了解，你所預想的成功不該讓你感到害怕。

直接面對造成你拖延的恐懼，就是消除恐懼最有效的方法。就跟你對失敗的恐懼一樣，你會發現你對成功的恐懼，大部分都是毫無根據的。

原因3

完美主義

我是一個經過改造的完美主義者。所以，如果你是那種總是因為自己設定的期望，而感到無力的人，我能感同身受。

完美主義是很常見的拖延原因。完美主義者會堅持自己超高的標準，因此不會接受任何低於標準的東西。這種特質的優點是，它可以鞭策當事人，產出品質與深度令人驚豔的工作成果。但這種特質的缺點是，它會阻止他邁出第一步。

我從小就是一個完美主義者。我所製作的所有東西都必須完美無瑕。這個性格上的怪癖（從我小時候就已存在），一直持續到我上高中與上大學都還存在。當我進入美國企業界時，一直到我後來離開企業界去建立私人企業時，它依然持續的跟著我。

它對我有何影響？首先，它完全扭曲我對於可接受的工作成果的看法。其次，每當我稍微覺得自己沒辦法做出完美無瑕的工作成果時，就會習慣性的出現拖延傾向。

最後，我因為完美主義的傾向而更容易拖延事情，因此變得更不快樂。拖延症造成我更大的壓力與挫折感。結果到頭來，我的完美主義變成一種強迫的力量，導致我延遲進行幾乎每項專案。最終，這個結果反過來讓我非常的痛苦。

你能理解這點嗎？你是否在自己拖延的過程中，也察覺到我所描述的某些內容呢？如果是的話，你可以直接的分辨出：你的拖延傾向可能是完美主義的徵兆。

如何克服完美主義

第一，鑑別「交出完美的成果」與「交出幾近完美但某些不重要之處存在缺陷的成果」，兩者之間在回報上的差異。通常你會發現，兩者間的差異很小——也許小到你無法察覺。如果差異不明顯，那麼也就不值得你煩惱。

第二，思考一下當個完美主義者的代價。想像一下，完美主義在許多方面是一種責任。例如，它會使你進入無所作為的狀態；它會增加你的壓力；它也會導致你錯過潛在的好機會。

第三，問問自己為什麼想要變得完美。在大多數情況下，你會發現你沒有合理的理由。相反的，你會發現其實是你的內心害怕無法達到期望（即使這些期望不切實際）。

最後，你應該要了解，即使你的工作成果不完美，你的努力也能帶來價值。舉例來說，在考試中獲得九五％的分數，可能比獲得滿分更沒有吸引力，但卻比獲得七〇％、或八〇％的分數更好；即使你沒有將樹籬修剪得很完美，但每週修剪一次仍具有價值；即使你與你的另一半在外共度一個夜晚，你們兩個也不需非常完美的享受彼此的陪伴。

你內心的完美主義者是個暴君，不會為你的生活帶來價值。或者，正如著名小說家安・拉莫特（Anne Lamott）所言：「完美主義是壓迫者之聲。」讓那個聲音安靜下來，你就比較不會有拖延傾向。

原因 4

感到無所適從

感到無所適從沒什麼好可恥。這種感覺會發生在我們所有人身上。當我們的義務與責任，累積到讓我們感覺被它們淹沒的地步，焦慮感便侵襲而來，使我們無法正常運作，進而妨礙採取行動。

許多情況都有可能讓我們覺得喘不過氣。最常見的例子就是，有些人疲憊的處理著多項專案，而這些專案的需求，最終讓他覺得自己好像面臨一座無法越過的山。但這只是最常見的情況。事實上，無所適從的感覺可能來自許多情況。

譬如，你與你的另一半在關係上的問題，可能會引起你的焦慮感，讓你無力採取行動；大量的信用卡欠款也可能造成相同的情況；親人的去世會讓身邊的每件事都看起來更加有壓力、更加令人窒息；

重要的生活決定（像是買新房子），可能會顯著的讓你的壓力增加，開啟大量負面情緒的大門。

資訊超載也會讓我們感到不知所措。當我們在研究某件事情時，由於被大量的資訊淹沒，使我們窒礙難行。因此，我們變得猶豫不決而喪失工作能力。

無論是什麼原因，不知所措的感覺會提高我們延遲工作的可能性，且通常是**重要的**工作。被淹沒的感覺會使我們陷入癱瘓，令人難以行動——除非這種感覺與它引起的負面情緒消失。

如何克服無所適從的感覺

如果你感到無所適從，且這種感覺導致你拖延事情，那麼請回過頭來找出原因。你為什麼有這種感覺？究竟是什麼讓你感到不知所措？只有這麼做，才能製定出計畫來解決誘發因素，並解決羈絆你的這種感覺。

例如，假設你是因為睡眠不足而感到無所適從。你的神經緊張，變得易怒、容易把小事放大。在這種情況下，睡眠不足是誘發因素。你必須想出辦法，讓頭腦獲得充足的睡眠，以有效的運作。

假設你覺得有壓力，是因為你處理多項專案。被碎片化的專注力是誘發因素。此時，把每項專案拆解成其構成的各個小任務，會很有幫助。然後，再逐一解決每項任務。

假設你感到無所適從，是因為親人去世。在這種情況下，尋求治療可能會是非常有用的方法。如果信用卡帳單讓你感到焦慮，也使你陷入困境，那就必須想出一個**合理的**計畫，以償還這些帳單。

對於處理無所適從的感覺，並沒有一體適用的解決方案。控制這種感覺最有效的方法是，確定它根本的原因，並且根本性的解決它。

原因 5

懶惰

許多人認為懶惰與拖延是緊密相關的，也就是許多人會認為它們本質上是同一件事。但事實上，它們是完全不同的行為特徵。雖然懶惰經常會導致拖延，但許多慢性拖延者根本一點也不懶惰。

讓我們用兩種定義來分析這個概念：

- 懶惰是不願意執行任務。
- 拖延是延遲對某項任務採取行動。

注意到兩者的差異了嗎？

拖延者意識到任務最終必須解決，而他只是把任務延遲到以後再解決。

為考試而學習就是一個很好的例子。拖延的學生知道，他們最終必須坐下來為考試做準備。考試並不會消失。

懶惰的學生不只是延遲念書。他還會完全逃避這件事，不打算處理這項任務——無論是現在還是以後。因為處理這項任務需要努力，而懶惰的人對此反感。

假設你總是在對抗懶惰，因此習慣性的把任務延遲到最後一刻。或者更糟的是，你會無限期的延遲它們。你知道你應該解決待辦事項清單上的重要事項，但你卻寧願坐在沙發上看電視。

你該如何改掉這個習慣呢？

如何克服懶惰

首先，找出導致你時常懶惰的原因。有些人很懶惰，是因為他們的自我形象（self-image）低落；另一些人懶惰，是因為他們對手上的任務完全不感興趣；還有一些人在面對他們討厭的任務時，會把懶惰當成一種應對機制。

儘管許多人認為懶惰是一種天生的性格特徵，但通常會有誘發這種行為的根本原因。如同前述，關鍵是找出誘發因素。

其次，找出你認為妨礙自己採取行動的阻礙。問問自己，這些阻礙是否真的沒辦法克服。當你仔細觀察這些阻礙時，你會發現它們只不過是幻影。它們要不是不存在，就是比你想像中的更沒有影響力。這些阻礙甚至是被捏造出來，用來合理化行為的一種方式。

比如，假設你正在試著激勵自己去慢跑。你可能面臨的一項「阻礙」或許是，你不知道自己把慢跑鞋丟在哪裡了。但這不太可能是**真正的**阻礙。畢竟，你的慢跑鞋在你家可以放的地方，就只有某幾個地方而已。在這個例子當中，阻礙是被捏造出來的，用來合理化懶惰。

接著，養成採取行動的習慣。大多數跟懶惰對抗的人認為，懶惰這個問題是來自缺乏動力。事實上，激勵對**每個人**來說都是短暫的。**行動者與藉口製造者的差別是：採取行動的「習慣」**。

好消息是，這個習慣就跟所有的習慣一樣，可以經由學習而培養出來。關鍵點是時間與堅持不懈的應用。

原因 6

無聊

幾天前，我坐下來寫一篇部落格文章。你一定認為我會很自律，足以集中精神，並且打破紀錄用更快的速度把事情搞定。

但我必須慚愧的說，這件事根本就不會發生。相反的，我發現自己在閱讀其他部落格、逛一個經常造訪的論壇，以及查看我的廣告活動的效果。換句話說，我什麼事都做了，就是**沒有**寫部落格文章。

我花了幾分鐘才弄明白原因：我覺得很無聊。這種無聊的感覺意味著，我並沒有真正全心全意的投入寫部落格文章當中。所以，我做了一件當人們在面對一個他們寧願逃避的任務時，大多數人都會做的事……

我在拖延。

我稍稍的反省一下以後，終於發現為什麼覺得無聊。原來，我對該部落格文章的主題根本沒有興趣。所以，與其跟我的無聊感受對抗，勉強自己去寫這個主題，我寧願放棄它，選擇另一個主題——另一個可以讓我振奮的主題。

你大概可以猜到發生什麼事。當我選擇另一個主題後，我的手指開始在鍵盤上快速移動。我可以做到專注，而且採取了行動。

為什麼我的行為會突然改變呢？因為我對這個新話題很感興趣，因此很輕易的克服拖延。事實上，我並非有意識的尋求這樣的結果。我只是開始寫作，接著我的大腦做了其餘的事。

每當你發現自己拖延時，就問問自己是否覺得手上的任務很無聊。如果你覺得無聊，那就想辦法消除無聊這項採取行動的心理障礙。

如何克服無聊

你覺得任務無聊，可能是源於幾種不同的原因。例如，你無法全心投入（類似上述我個人的例子）；或者，也許你在從事的是一種你非常熟悉的重複性任務，熟悉到你在睡眠狀態下也能完成；還有種可能是，也許你覺得無聊是因為你不知道這個任務有何重要性。

你克服無聊的方法，會取決於覺得無聊的原因。

如果你沒辦法全心全意的投入任務當中，那麼就試著以刺激你頭腦的方式，改變情況。你應該有創意一點。舉例來說，想出一種執行任務的方法，以便讓任務能運用你的多種技能；或者讓其他人參與任務的完成。

如果你在處理的是重複性任務，那麼就創造一個小遊戲，讓執行這項任務變得有趣。比如，挑戰自己可以在二十分鐘內裝滿多少個信封，並且不犯任何一個錯？如果你的同事也在做相同的任務，那麼就把它變成一場良性的競爭。

如果你不確定手邊的任務為什麼重要，可以嘗試請你的老闆說明。如果你沒有老闆（譬如你是自由工作者、全職爸媽、或大學生）那就自行決定是否需要解決這個問題。

無聊是我們強加給自己的。我們可以控制那些讓自己感到無聊的誘發因素。這代表我們可以提出量身訂做的策略，幫助克服無聊，並進一步克服拖延的欲望。

原因 7

對努力工作反感

我們大多數人都對努力工作感到反感，除非我們的努力能迅速獲得回報。例如，我們會願意洗自家的車子，是因為車子會馬上變得看起來很乾淨；我們會為即將來臨的考試學習，為的是取得好成績；我們會清理電子郵件的收件匣，因為乾淨的收件匣會讓人立刻覺得很滿意。

相比之下，要激發出動力去運動，是件很困難的事。為什麼？因為運動帶來的結果只會在未來的幾週，甚至幾個月才能顯現出來。同樣的，要投入必要的時間去建立副業，是件很困難的事。為什麼？因為這個副業可能需要好幾年的時間才會成功。

我相信你能理解我所說的這點。每個人都可以。

如果一項不重要的任務，需要大量的努力，卻無法快速帶來滿足感，那麼它就很可能被延遲進行。此時，選擇走阻力最少（或更少）的路會更加容易。可能是看電視、跟朋友出去玩、或者處理只需一些努力的任務。

問題是，因為需要太多的努力而延遲任務，會使被延遲的任務堆積如山，進而造成未來的壓力與內疚感。在這種情況下，克服這種對努力工作的天生抗拒是很重要的。

如何克服對努力工作的反感

我發現要對困難的任務採取行動，最有效的策略就是建立一個適當的系統。擁有適當的系統就代表，可以永遠不需要依靠熱情或毅力。相反的，我的行為是取決於習慣，而這些習慣能讓我預先安排好的行程表與待辦事項清單更加完善。

如果你因為不想努力工作而經常拖延，我強烈建議你嘗試下列方法。

假設你想創一個副業，以產生額外的收入。創立任何類型的事業都是困難的工作。創業需要投入大量的時間與注意力。然而，收益通常都會延遲到未來的幾個月、甚至幾年才實現。

如果你想用那些令人沮喪的說詞來創立副業，那麼你會面臨很多的內部阻力。你的腦袋會試圖說服你，延遲那些建立事業所不可或缺的任務，然後把注意力集中在那些可能更有趣、能更快令人感到滿足的事情上。

你可以透過建立「系統」來克服這種阻力。舉例來說，你或許可以從每天晚上六點到七點，致力於從事你的副業。這樣做個幾週，把實際行動變成一種習慣。在這段時間裡，無論你是否有動力，每天都要執行你的副業。

或者你可以找出三項任務，三個能讓你剛起步的事業順利發展的重要任務，接著在每天早上醒來之後，馬上致力於解決這些問題。

當你遵循系統時，你就不再需要投入實現最終目標所需的大量時間與精力。相反的，你只需要關注當天應該做什麼事。與此同時，重要的是你養成了每天採取行動的習慣。

假設你正在處理正確的任務，你的日常工作最終應該會產生你所期望的結果——在我們的範例中，這個結果就是一個能夠產生副業收入的事業。

原因 8

消極的自我對話

消極的自我對話（或稱**自我貶抑**〔self-downing〕），是在你的心裡貶低自己的行為。消極的自我對話會讓你輕視自己的能力與技能。在極端的情況下，有可能會讓你開始懷疑自己做任何事情的能力。你會對自己失去信心。

消極的自我對話是一種自我破壞（self-sabotage）的行為。它讓你內心的批評者（我們每個人都有）在你的自信心面前橫行霸道。更糟糕的是，你內心批評者的負面喃喃自語通常都是錯誤的，或至少可以說，他們的批評過於挑剔，因此應該受到質疑。

如果不去質疑，你的另一條路就是：讓你內心的批評者自由的控制你的思想。這種情況下幾乎一定會導致拖延，因為你會變得對自己充滿懷疑。自我貶抑會讓你感覺自己似乎註定要失敗。因此，你會因為不信任自己有能力有效率的達成結果，而對於採取行動有所猶豫。

舉例來說，假設你正在考慮，在你的專業領域上取得更高的學位，但是你內心的批評者卻悄悄的說：「你可能會失敗，因為要付出的努力太多了。」

如果你不加以質疑，而讓這種消極的自我對話持續下去，你可能會傾向於拖延而不去註冊你屬意的研究生課程。如果拖延得太久，那麼你可能會完全錯過機會。

幸運的是，你不必成為你內心批評者的出氣筒。你可以讓消極的自我對話安靜下來、擺脫自我懷疑，以及有自信的養成採取行動的習慣。

如何克服消極的自我對話

讓你內心的批評者安靜下來的第一步，就是質疑他提出的每個主張。如果他小聲的對你說「你會失敗」，那麼請立刻對這種說法提出異議。問問自己，為什麼你註定會失敗。是什麼因素導致你的失敗？是什麼情況讓成功變得不可能？

換句話說，支持這種主張的**證據**是什麼？

把消極的自我對話，攤在調查性的強光底下，讓消極的自我對話消失。因為它經不起仔細的審查。

第二步是尋求相關情況的客觀看法。讓我們使用前述「獲得更高等的專業領域學位」這個例子。你內心的批評者說：「你無法堅持到底，因為獲得學位需要太多的努力。」

但是這種主張是事實嗎？

你可能對於獲得學位需付出的努力程度，有一定的把握。畢竟，你已經完成你的大學學位。你心裡對預期的情況有底，也為此做好了準備。只要你願意投入必要的時間與精力，無論你內心的批評者說什麼，你幾乎肯定能實現目標。

第三步是學會接受讚美。大部分心懷消極自我對話的人，在別人讚美他們時，會感到不自在。他們的不自在是源於，別人的讚美跟他們對自己的看法不一致這項事實。

如果你難以接受讚美，那麼我會強烈的鼓勵你，努力的去適應這些讚美的話。別人的讚美有助於你「重塑」你的自我知覺（self-perception）。當有人誇獎你的時候，你只需要道謝就好。這種簡單的實踐，對於平息你內心的批評者的效果，可能會讓你感到很驚訝。

當你內心的批評者沉默下來，就比較不會拖延事情，也更能有信心的以你的技能與能力行事。

原因 9

對不良事件的容忍力太低

當事情沒有按照計畫進行時，你會容易覺得沮喪嗎？當情況不順利時，你是否容易生氣或絕望？如果是這樣，那麼這些感覺可能與挫折容忍力太低（low frustration tolerance，或稱ＬＦＴ）有關。

挫折容忍力太低是一種心態，這種心態會把不良事件想得比真實情況更糟糕。

舉例來說，假設你正開車到辦公室，已經比預定的時間慢了一些，而且你被紅燈攔住了。大部分的人可能會對自己說：「該死，真是倒霉。好吧。」

相較之下，如果是挫折容忍力低的人，他們可能會對自己說：「這真是太可怕了！我已經比預期的還落後，而這個紅燈讓事情變得更糟。我的早晨毀了！」

不能容忍不良事件的人，會本能的試圖避免任何可能導致不理想結果的情況。任務會變得「太難」；責任會變得「不公平」；專案會變得「做不了」。

最終的結果就是拖延。任務被延遲；責任被推卸；以及專案被取消。由於選擇採取行動會帶來無所不在的逆境跟痛苦的可能性，因此人會變得無所作為而陷入癱瘓。

如何克服對不良事件的容忍力太低

我曾經有過這種心態。小問題帶給我很大的困擾，經常困擾到我無法專注於其他事情的地步。這是一種非理性的思維模式，因此幾乎總是導致我拖延事情。

最後我在幾種戰術的幫助下，終於得以解決這個問題。以下是幾種戰術的簡短說明：

首先，我逐漸意識到，我無法忍受痛苦主要是來自心理的感覺。也就是說，當事情沒有依照我的想法進行時，我的焦慮不安並不是來自外部的刺激。而是由於我讓這些刺激，**內化成性格的一部分**。

舉例來說，在我最喜歡的餐廳等三十分鐘，這件事本身其實不會引起我的痛苦，而是我的沒耐心所造成。

其次，我養成對每個不良事件進行分級的習慣，分級的等級範圍從一到十。等級一代表事件是無害的，等級十代表戒備狀態。透過對事件進行分級，我能夠合理的看待每個事件。

例如，等紅燈雖然不方便，但遠比發生車禍而讓愛車徹底毀壞好多了。因此，它的抗拒程度理應更小。對等紅燈這件事進行相應的分級，給了我更客觀的觀點。

最後，我尋找機會降低自己對不良環境的敏感反應。藉由這麼做，當事情沒有依照想法進行時，我變得不會那麼容易失去冷靜。

比如，有時候我會刻意在最喜歡的餐廳人潮擁擠的時候，前往造訪這間餐廳。這種情況下我會被迫候位。追根究柢，這樣做能強迫我習慣自己的沒耐心。

這些方法漸漸的讓我更能夠忍受「無法立刻獲得滿足感」的情況。因此，我變得不那麼容易延遲事情，也變得更有能力處理事情不同於計畫時帶來的挫折感。

更確切的說，我不會形容自己是斯多噶派之人（stoic，譯註：指克制感情的人）。但我不再害怕不良事件帶來的痛苦與不適。

如果你也有挫折容忍力太低的困擾，我鼓勵你嘗試上述介紹的三個步驟。你可能會發現，它們可以徹底的改變你看待周遭環境的方式。

原因 10 不確定如何（或從何）開始

下列敘述的情境是否聽起來很熟悉呢？

你的面前有一大堆的工作。你的待辦事項清單太長了，所以你知道自己永遠無法完成清單裡的每項任務。與此同時，你能夠用來工作的時間正一分一秒的在流逝。

你不知如何是好。你要做的事情太多了，所以不知道該從何開始。於是，你開始拖延。此刻對你來說，查看電子郵件比處理面前大量的工作更容易。

以下是另一種常見的情境。

你負責完成一項重要的專案。專案的結果將會對你的職業生涯或社會地位（或者兩者皆是）產生漣漪效應。鑑於上述情況，你想採取最好的行動方案。

問題是，你不確定行動方案是什麼。因此你拖延了。此時，瀏覽臉書比決定如何啟動專案更加容易（尤其是考慮到專案的重要性）。

接下來是另一個情境，或許可以引起你熟悉的共鳴。

你必須完成一項重要任務，但卻缺少進行任務的必要資訊。你也許知道該如何獲得你需要的資訊，但獲得資訊的過程對你來說毫無吸引力（例如必須向你不喜歡的人尋求協助）。或者，你也許根本不知道該如何獲取資訊。

無論是哪種情況，都讓你陷入困境。所以你選擇拖延。瀏覽最新的新聞頭條，比應對這項挑戰容易多了。

「不確定如何開始一項任務或專案」會使我們更容易分心。除非我們訓練自己採取行動，否則我們會跟隨自己天生的衝動：我們會逃避這個問題，選擇從事能夠讓自己延遲採取行動的活動。有些活動甚至會為我們帶來立即性的滿足感，這點讓它們更具吸引力。這類活動可能包含閱讀電子郵件、瀏覽臉書、快速查看新聞標題、玩電玩、或者觀看 Youtube 影片。

你是否覺得自己經常在上述的情境中掙扎呢？如果是的話，以下是我對於戰勝這個問題的建議。

如何克服不確定如何（或從何）開始

如果你因為有一大堆工作而無法正常運作，你能做的最佳選擇就是開始動手。從中選擇一項任務然後解決它，忽略其他成堆的工作。

你選擇哪一項任務並不重要。重要的是你應該採取行動。一旦你開始動手，就會發現你能藉此獲得動力。著手進行第一項任務，可以把你帶到第二項任務，接著再到下一項任務，依此類推。

如果你因為不知道一項專案該採取什麼樣的最佳行動方案，所以拖延進行這項專案，那麼你應該重新評估不同方法的相關潛在結果。當特定方法的可能結果沒那麼嚴重時，你或許可以預想到潛在的困境。

這種拖延與害怕失敗有關。我們害怕發生最壞的情況，即使這種結果不太可能成真。這種恐懼使我們無法正常運作，導致我們的大腦分心。**重要的是我們要了解，恐懼是不理性的。只要你仔細的審視恐懼，它就會消失**。

如果你缺少完成任務或專案所需的資訊，那就找出最簡單的方法來取得這些資訊。接下來，即使這個選項有所挑戰，你也要執行下去。譬如，如果獲得資訊需要向你不喜歡的人尋求協助，那就接受這麼做的必要性。苦笑著默默忍受吧。如果可能的話，利用這個機會向對方伸出橄欖枝。

關於如何、或從何開始的擔憂，是我們強加給自己的一種恐懼狀態。這很值得慶幸，因為這代表我們終能控制局面。採取行動可以消除疑慮，然後以自信取而代之。同時也可以防止大腦分心，以逃避不確定性帶來的痛苦。

原因 11

無法做決定

猶豫不決是我們行動力的主要勁敵。它讓我們癱瘓，還讓我們無法前進。任務與專案被延遲，直到我們設法突破深思熟慮這個迴圈。

我們採取的幾乎每項行動，都會接著面臨兩個選項、或更多個選項的選擇。當我們來到這些認知的岔路上，在繼續向前走之前，我們會思忖擺在面前的選擇。這是一個正常且有益的過程。它能幫助我們，選擇最能配合自己目標與情況的選項。

但是有些人會陷入深思熟慮的迴圈。他們被困在深思的階段；他們沒有盡力在眼前的選項做出選擇；他們的優柔寡斷總會導致延遲採取行動。在極端的情況下，如果沒有足夠強烈的誘因去採取行動（例如，老闆的解雇威脅），這個拖延就會永無止境。

猶豫不決可能來自很多因素，其中一些因素我們已經探討過了。例如，有的人可能會擔心，選擇了較差的選項會導致他不成功（害怕失敗）；他可能擔心選擇得不好，會迫使他做出不完美的作品（完美主義）；他可能擔心做出錯誤的選擇，會產生不合意的結果（風險厭惡）。

無論是什麼原因，猶豫不決總會使我們更容易拖延。我們會更傾向於延遲採取行動，直到我們確定自己做出正確的選擇。當然，這種困境也可能無止境的持續下去。

我提供一些經驗之談。過去，我也曾經難以在多個選項之間進行選擇。以下是我用來克服這個問題的一些簡單戰術。

如何克服無法做決定

想克服優柔寡斷，你能做的最重要的一步，**就是下定決心做出決定**。也就是承諾採取行動，即使這樣做可能會無意中在兩個、或兩個以上的選項中，選擇較次要的選項。

當我們為了做出更好的決定而等待更多詳細資料時，決定採取行動可以終止拖延的念頭。這種作法很好，因為我們通常不太會需要更多的詳細資料。在大多數情況下，我們只是在說服自己：這麼做是為了延遲在不能同時接受的選項之間做出選擇。這是我們處理未知事物帶來的恐懼與不適的方式。

我們應該記住的重點是，這種恐懼與不適感通常沒有正當理由。選擇沒那麼理想的選項，它真正的代價通常微不足道。對比之下，讓恐懼與不適感剝奪我們做決定的能力，它的代價非常大，還會破壞我們的生產力。

除了下定決心在面對不確定性時採取行動之外，讓自己適應於做出不完美的決定也很重要。

這是我過去在克服猶豫不決時，很有效的作法。我養成問自己的習慣：「如果我的選擇錯了，最壞的情況會是什麼？」在多數情況下，最壞的情況一點也不壞。頂多比選擇理想的選項更弱一點。

舉例來說，我會為了選擇一家與朋友聚會的餐廳而焦慮不已。我們應該在墨西哥餐廳見面嗎？或是中式餐廳？或是美味的漢堡店？我會對這個決定考慮得過多，因此在這個過程中無法動彈。自然而然的，我會因此拖延這個決定，通常會拖到預訂不到餐廳座位的地步。

事實上，選擇並不重要。最壞的情況就是，我們得忍受糟糕的服務或不完美的食物。但是，這是**所有**餐廳都有的風險。追根究柢，唯一真正重要的是：我們當中的每個人都能夠享受到彼此的陪伴。無論聚會場地如何，都可以做到這一點。

從上述例子中，我們能了解的要點是：**如果你總是猶豫不決，那麼就養成採取行動的習慣吧**。結束深思熟慮的階段。你會發現，無論你選擇哪個選項，結果都不會有你想像中的糟糕。

原因 12 更能獲得立即性滿足感的選項

當我們考慮接受當前的好處與未來的好處這兩個選擇時，假設所有變數相同的情況下，我們所有人都會選擇前者。因為沒有令人信服的理由可以延遲滿足感。

舉例來說，如果有人主動提出：今天給我們一百美元，或者一年後給我們一百美元，我們肯定選擇今天就收到一百美元。

當然，生活鮮少如此簡單。

在多數情況下，選擇當下的滿足感表示現在獲得較少的獎勵，而不是以後獲得更大的回報。例如，假設你在瘋狂購物時花費了一千美元。這樣做可以讓你立刻獲得滿足感。但是，如果你把那一千美元拿來投資，它可能會在你的一生中呈現指數型成長，在你退休時提供更大的收益。

有時候，選擇短期的滿足感，代表著破壞未來的目標。譬如，假設你想減肥，因此決定不吃不健康的食物。但是很突然的，你很想吃一個美味的甜甜圈。如果屈服於這種誘惑，可以立刻獲得好處：誘人滋味、高糖效應（sugar high，譯註：指吃甜食後的興奮感）、多巴胺（dopamine）分泌等。但是這麼做也會破壞你的長期目標：減肥。

對於我們許多人來說，追求眼前的滿足感是一種迴避任務的作法。我們的決定並非完全出於對於獲得眼前獎勵的期望。相反的，我們做出這個決定的部分原因，是因為這樣做能讓我們延遲對某些其他事情採取行動。

例如，假設你打算修剪草坪。因為你害怕這項任務，所以你的頭腦會想辦法延遲這項任務。為了達到延遲這項任務的目的，你可能會想看電視，而不是修剪草坪。

此時，你的拖延並不是受到自己最喜歡的節目所驅動。在你做決定的時刻，可能甚至不是你喜歡的節目的播出時間。相反的，決定看電視**真正的**好處是，能夠迴避手邊的任務。

想一想我們為了迴避自己應該處理的任務與專案，於是以很多方式來追求當下的舒適感。我們瀏覽臉書、觀看 YouTube 影片、閱讀部落格、查看電子郵件、在亞馬遜（Amazon）上購物，以及發聊天訊息給朋友。

這些消遣活動都不是問題所在。真正的問題是，我們往往把這些消遣活動，當成一種拖延的方法。

如何放棄短期的滿足感

即時的滿足感就像毒品。一旦你體驗到即時的滿足感，就會想一遍又一遍回味這種感受。久而久之，很容易會養成習慣，變成一種癮。

你也許能親身體會這點。如果你發現自己經常延遲任務，轉而選擇那些能夠立刻獲得滿足感的活動，那麼這個習慣可能已經深植在腦海裡難以消除。你甚至有可能是憑著直覺做出這樣的決定。

以下是一些技巧，教你打破這個習慣，學會放棄眼前令人感到舒適愉快的事，選擇對擺在面前的工作採取行動。

第一，思考一下拖延的後果。這樣做會導致你交出劣質的成果嗎？會造成你錯過截止日期嗎？延遲事情會讓你的壓力增加，並且因為任務堆積而感到不知所措嗎？

一旦我們忽視拖延的長期後果，就很容易為自己的拖延做辯解。把這些後果攤在強烈、偵查的光源下，就能削弱這些辯解。

第二，練習控制衝動。我們追求立即性滿足感的傾向，與抵擋欲望的能力有關。這些欲望可能會強烈到幾乎沒辦法抗拒。

慶幸的是，我們可以學著控制自己的衝動。關鍵是慢慢的開始，接著用時間建立起紀律。

舉例來說，如果你平常會藉由瀏覽社群媒體來拖延，那麼請你使用網站封鎖工具（像是 SelfControl、Freedom、HeyFocus 等），每次封鎖臉書與推特（Twitter）三十分鐘。每週逐漸提高封鎖的連續時間。

第三個戰術是，從源頭阻斷你的欲望。例如，刪除你手機上的社群媒體 App；把你最喜愛但卻浪費時間的網站書籤，從你的瀏覽器中刪除（強制手動輸入網址加以封鎖，或許可以阻止你造訪這些網站）；如果你平常是以看電視做為迴避任務的方式，那麼請你把遙控器放在某個需要花費精力去取得的地方（譬如，放在你車庫裡支撐屋頂的椽子上）。

第四，建立一個獎勵制度。每當你成功延後滿足感且採取行動時，就獎勵自己。

我有一位朋友使用積分系統。他會在每一次成功時給自己獎勵的分數，也會在每一次失敗時扣自己分數。當他累積到一定的積分時，便會允許自己獲得渴望的獎勵——像是買一張新的ＣＤ，或是去看演唱會。

學會延後滿足感可以降低你拖延的傾向。這種技能不僅能讓你更順利的控制欲望，還能增加生產力與減輕壓力。

原因 13

不採取行動不會造成立即性的影響

回想一下，小時候父母要求你去打掃自己的房間。如果你忽視他們的要求，你可以預料到後果。舉例來說，你不能到外面去找朋友一起玩；你不能看電視；你不能玩最喜歡的電玩。

由於這些後果就像一片烏雲一樣籠罩著你，所以你打掃了房間。不打掃房間的預期影響，促使你採取行動。

這是一個值得我們思考的重要教訓。在我們之中，許多人現在之所以拖延，是因為這麼做通常不太會有立即性的後果。我們的家長和老師不再徘徊在身後。我們的老闆提供指令、規定截止日期，後續就讓我們自己想辦法。

雖然自主性很有吸引力，但它也很危險，尤其是對於慣性拖延者來說更是如此。如果沒有產生立即性後果的風險，他可能會延遲任務與專案，轉而選擇能在當下提供滿足感的活動。

舉例來說，假設你的老闆要求你下週為自己的部門進行簡報。如果你延後為這個簡報做準備，明天也不會發生什麼壞事。後天、或大後天也不會發生任何壞事。畢竟，你有整整一週的時間。有鑑於你即使無所作為也不會帶來直接的影響，因此你可能會想浪費時間去上網、閱讀新聞內容，以及觀看 YouTube 影片。

換句話說，如果沒有迅速產生後果的威脅，你就很可能會拖延。

諷刺的是，拖延總是會帶來代價，其中許多代價可能非常重大。我們在〈拖延對生活與職業生涯造成的代價〉這篇文中，討論了其中的許多問題。因此，基於不會產生後果而延遲行動的任何理由，都是不明智與短視的理由。**習慣性的不採取行動，會對你的個人生活與職涯生活產生嚴重的負面影響。**

我吸取了這個慘痛的教訓。事實上，我必須一遍又一遍的吸取教訓，才終於逐漸完全理解。當我還是一個慢性拖延者時，我經常拖延事情，因為拖延的後果從來不是立即性的。因此，我會說服自己，拖延的代價很小。

我說服自己的這個「理論」，被證實是完全不正確。我的生活、事業，以及副業都因為自己的無知而受苦。

我想在結尾處說點積極、鼓舞人心的事，那就是現在我已不再是個慢性拖延者。我設法馴服了那隻野獸。接下來，我會在「第二部分　二十一招超強時間管理術，幫你戰勝拖延！」中告訴你，我是如何做到的。

在我們繼續前往第二部分的內容之前，讓我們快速進行一下測驗，以衡量你的拖延傾向。

POP Quiz

小測驗：你是慣性拖延者嗎？

每個人或多或少都會拖延。問題是，在任何特定的情況下，你拖延的可能性有多大？另外，你拖延的程度是否已經讓你的無所作為，對生活產生顯著的負面影響呢？

有些人知道他們自己是慢性拖延者，也公開承認自己是慢性拖延者。他們意識到這個問題。

有些人則是經常拖延，但他們卻說服自己，他們的無所作為不是什麼問題，或是超出了他們的控制範圍。他們會對自己的拖延頻率，或者對自己克服誘惑的能力自欺欺人。

接下來，我們將評估你的拖延習慣。以下有十五個句子，請你分別對它們進行評分，分數範圍從一分到五分。評分為一分，代表這句話不是在描述你的情況。評分為五分則代表用這句話來描述你非常精準。

當你對下面十五個句子，從一分到五分進行評分之後，我們會計算你的分數，以衡量你拖延事情的程度。

1. 為了按時完成任務，我發現自己經常跟時間賽跑。
2. 我經常誤判完成任務會花多少時間。
3. 我經常把任務拖延到隔一天。
4. 當我面對一項不吸引人的任務時，我會去尋找一些更吸引人的事來做。
5. 我經常在任務排定的時間後處理任務。
6. 當我被指派截止日期還長的專案時，我會等到最後一刻才開始進行。

7. 當我應該工作時，我發現自己經常在做白日夢。
8. 當我面對一項艱難的任務時，我很容易受到社群媒體、簡訊、電子郵件等干擾。
9. 我經常在會議、約會，以及社交場合上遲到。
10. 我的工作空間總是處於混亂的狀態。
11. 我從來不會完成自己的每日待辦事項清單。
12. 我的電子郵件收件匣與語音信箱中，充滿了未回覆的訊息。
13. 我經常遲繳帳單。
14. 我最喜歡的一句話是「我明天再做」。
15. 我在進行這項測驗時，中途最少放棄過一次，去做其他事情。

你對上述十五句描述，進行一到五分的評分了嗎？如果你完成了，就讓我們來看看，你究竟是什麼程度的拖延者。

你是慣性拖延者嗎？

讓我們來加總一下你的分數。

十五分到三十分——你沒有拖延的問題。你偶爾會延遲事情（我們每個人偶爾都會這樣），但你通常會捲起你的袖子，主動處理任務。

三十一分到四十五分——你算是個拖延者。在你生活中可能有小部分，會因拖延事情的傾向而受到影響。但是，你通常會在工作量超過負荷之前採取行動。

四十六分到六十分——拖延是你日常生活的一部分。你很容易分心，特別是在面對困難或沒有吸引力的任務時。你經常用拖延來迴避這樣的任務。你經常在專案到期之前才著手進行專案，因此有時候會錯過截止日期。

六十一分到七十五分——你是慣性拖延者的完美例子。你經常在約會與會議中遲到，而且毫無準備。你通常在最後一分鐘才開始處理任務。儘管你為了準時完成任務而瘋狂的工作，還是經常錯過截止日期。當被延遲的任務逐漸讓你感到無所適從時，你的壓力就會不斷的變大。

如果你的分數是三十分或以下，你或許不需要這本書。除非你想把閱讀本書當成一種迴避其他任務的方法。如果是的話，那就跟著我吧。

如果你的分數介於三十一分到六十分之間，那麼你一定可以在本書中找到價值。我接下來要在「第二部分　二十一招超強時間管理術，幫你戰勝拖延！」中跟大家分享的戰術，會讓你在一生中一遍又一遍的賺回它們的成本。

如果你的分數超過六十分，那麼我們的工作正在等著我們。拖延的習慣已經深植於你的心靈。這表示當你試著約束這個習慣時，你會面臨許多內在的阻力。但是，有了勇氣與決心，你不僅有可能會成功，成功也是可預期的事。

那麼接下來

你現在已經知道自己拖延的原因，也知道拖延對你的生活有多大的負面影響。

在「第二部分　二十一招超強時間管理術，幫你戰勝拖延！」中，我會提供名符其實的戰術寶藏，讓你可以用來克服拖延習慣。

讓我們開始深入探討吧！

第二部分

二十一招超強時間管理術，幫你戰勝拖延！

The Procrastination Cure

本書的第二部分，充滿了能夠幫助你克服拖延傾向的操作戰術。這些戰術是擊敗我內心拖延者的方法，我百分之百相信它們對你來說，也會有所幫助。

你可能沒有打算應用它們，只想輕輕鬆鬆的讀過。但請別那樣做。我強烈的鼓勵你，按照它們呈現的順序，一個接著一個仔細的閱讀這些戰術。在閱讀完每個戰術之後，花一些時間思考一下，如何在你的日常生活中應用這些實際作法。想像一下每天實踐這些戰術，再想像一下這樣做對於約束自己的拖延習慣有何幫助。

本書所述的每種戰術，都可以立刻、輕鬆的落實。閱讀完本章節，你可以嘗試每週實施一種戰術。別著急。給自己一點時間，讓每個戰術變成一種習慣。當你能夠妥善運用本部分提及的所有戰術，你內心的拖延者就會變得像是以前的熟人，但你卻不想重新跟他聯繫。

讓我們捲起袖子開始認識這些戰術吧。

戰術 1

先把最不想做的工作「幹掉」

想像一下，在一天的開始，你的待辦事項清單中有你非常害怕的任務。這是一個可怕的任務，你寧願延遲這項任務，直到你別無選擇才會去處理它。

例如，我一直很討厭洗衣服。我以前常常會一直拖延，直到我的衣櫥看上去空了，洗衣籃也已經裝不下了，才會去洗衣服。甚至有幾次，洗衣服是我在我家外面有乾淨的衣服可以穿的唯一方法。

為了遏止這個習慣，我學會了將洗衣服當成在早上做的第一件事。把這項任務從待辦事項清單上劃掉的感覺很棒。我也發現清單上的其他任務相較之下更容易了——或者至少是更令人愉快的任務。

美國作家兼幽默大師馬克・吐溫（Mark Twain）稱這種作法為：先

「吃青蛙」。以下是完整的引文：

「如果你的工作是吃掉一隻青蛙，那麼你最好在一早就先做這件事。」

馬克．吐溫稱不吸引人的任務為「青蛙」。這些是你沒有動力去做的任務與專案。它們會像烏雲一樣籠罩著你，直到你解決它們。延遲的時間愈久，它們所帶來的壓力就會愈大。

把這些青蛙先擱置在一旁，等到一天要結束時才處理它們，是很正常的事。但這是最糟糕的方式。它們不僅向你逼近、讓你覺得有壓力，而且還會讓你沒有太多精力去處理它們。這種情況下，你只會更難以處理這些任務，也更容易把這些任務延遲到隔一天。

儘早解決你的青蛙。把它解決以後，你可能會很驚訝的發現，這麼做能讓你感到多麼的心曠神怡。**你會得到一種成就感，還會發現，這一天接下來的時間，相較之下變得更輕鬆。**

如果待辦事項清單中不止一項可怕的任務，那該怎麼辦呢？我會建議你依照馬克．吐溫的建議：

「如果你的工作是吃掉兩隻青蛙，那麼最好從大隻的先吃。」你的其中一隻青蛙會比另一隻更不吸引人。先解決那隻比較不吸引人的。接著，隨後再立刻解決第二隻。

舉例來說，我不喜歡打掃家裡的浴室，幾乎等同於我害怕洗衣服一樣。「幾乎等同於」是重要的差異。因此，如果這兩項任務都在我的待辦事項清單上，我會先處理洗衣服這項任務。

戰術2

不管有多討厭，先堅持做十分鐘再說

任務看起來通常比它們真實的樣子更嚇人。但在多數情況下，我們強加在它們表面上的困難，只是一種幻想。這是我們的想像力所虛構出來的假象。

我發現最大的挑戰不是**完成**看似可怕的任務，而是**開始**進行這些任務。一旦我們開始做某件事（即使是某些我們害怕的事情），完成這項任務就會變得更容易。

舉例來說，假設你打算去健身房進行高強度訓練。問題是，你沒有動力去做這件事。找出你的運動服、開車去健身房、進行鍛鍊，然後開車回家，可能需要花費一個小時或更長的時間。從這個角度看，這是一個令人望而生畏（而且甚至沒有吸引力）的嘗試。

所以，你告訴自己明天再去健身房。但是，如果你只是開始（比如，找出你的運動服，然後開車到健身房）你會發現繼續做下去更容易。你會創造動力。當你到達健身房時，你幾乎可以確定你會去鍛鍊。**每當你想延遲一項任務時，不要以宏觀層面去想這件任務。相反的，專注於前幾個步驟，專注於前十分鐘**。

例如，如果你正在拖延修剪草坪這項任務，不要去想它需要花多長的時間。專注於把除草機從車庫裡拿出來，接著開始第一步。

如果你拖延為老闆準備演講簡報，不要去想整個簡報。把重點放在打開電腦上合適的軟體，接著收集下一步需要的參考資料。

如果你拖延整理辦公室，不要去想必須整理得非常整潔。專注於整理工作區域的單一角落。換句話說，進行前十分鐘。一旦你開始，你會發現繼續下去更容易。

每當我開始寫一本新書，或是寫一個新章節時，都會使用這種戰

表 1　找出任務的第一個步驟

	待辦事項	第一個步驟	是否達成
1	去健身房進行高強度訓練	找出運動服	是
2	修剪草坪	拿出除草機	否
3	準備演講簡報	打開電腦程式	是

術。我覺得空白頁令人望而生畏，就好像是面對一座高大的山，並計畫去爬它的懸崖峭壁。

從這個角度來看，要開始寫作是很困難的事。但我發現如果我持續寫十分鐘，繼續寫下去就是容易且毫不費力的事。

先不要完全相信我說的話。我鼓勵你自己試試看這個戰術。下次當你發現自己在拖延一項大任務時，就專注於完成它的第一步或執行十分鐘。我敢打賭，你會發現完成它，或至少繼續執行，比你想像的更容易。

戰術 3

設立階段性目標&獎勵自己

我們會拖延那些對我們來說沒有吸引力的任務。當其他選擇提供更多（或更直接的）滿足感時，我們會本能的這麼做。

譬如，我們會選擇跟朋友一起出去，而不是為即將來臨的考試做準備。我們會選擇看電視，而不是洗車子。我們會去逛街購物，而不是去健身房。

但是，如果你可以享受有趣的活動，同時又可以完成待辦事項清單上的所有事情，會如何呢？你可以的！想做到這一點，只需要建立一個智能獎勵系統。

獎勵對我們的行為有著極大的影響，可以鼓勵我們採取行動、幫助我們養成良好的習慣，以及激勵我們達到足以引以為豪的水準。**關**

鍵是要建立出一個系統，讓你整天都保持在軌道上。

有很多方法可以做到這一點，而重要的是找到最適合你的方法。在「更能獲得立即性滿足感的選項」一章中，我提到我朋友的積分系統。他根據自己的行為去累積或減少他的積分，累積的積分可以讓他把錢花在他喜歡的東西上，像是新的ＣＤ或演唱會門票。這是一種利用獎勵做為手段的創造性方法。這種方法對他來說很有效。

另一個策略是設定好你的一天，這麼一來，在每個不吸引人的任務之後，都會有一個你喜歡的活動。訣竅是：把每項獎勵活動，跟相應的不吸引人的任務搭配在一起。

舉例來說，假設下列是你的待辦事項清單：

- 打掃浴室
- 去雜貨店
- 支付帳單

- 去健身房
- 整理辦公室

上述有些任務對你的吸引力比其他任務小。例如，支付帳單雖然不方便，但它造成你痛苦的程度，不太可能和打掃你家的浴室一樣，它也不像去健身房一樣，需要那麼多的時間與精力。

因此，選擇一個跟你對任務的恐懼程度相匹配的獎勵。例如，支付帳單可能只需要十分鐘。那就藉由允許自己閱讀喜愛的部落格三分鐘，來獎勵自己。

相較之下，打掃家裡的浴室可能需要花費一小時。這時你可以為這個任務搭配一個更大、更令人開心的獎勵。像是，在完成這個令人厭煩的任務後，允許自己馬上閱讀三十分鐘的小說。

你也可以用愉快的任務當作獎勵。比如，你可能需要籌備一個家庭遊戲之夜、預訂你最喜歡的餐廳，或者為朋友安排生日派對。把這

表 2-1　獎勵積分計算表

	待辦事項	獎勵積分	未完成扣分	實際得分
1	洗衣服	+5	-3	完成，+5
2	打掃浴室	+4	-2	未完成，-2
3	除草	+4	-2	完成，+4
目前總計（累積 50 分兌換獎勵）				+7

些任務跟其他獎勵，一起納入你一天的待辦事項清單中。

上述待辦事項清單的內容，可能如下列所示：

- 打掃浴室
- **獎勵**：閱讀小說三十分鐘
- 去雜貨店
- **獎勵**：籌備家庭遊戲之夜
- 支付帳單
- **獎勵**：閱讀最喜歡的部落格三分鐘
- 去健身房
- **獎勵**：安排朋友的生日派對
- 整理辦公室

表 2-2　一日行程與獎勵活動排程表

	待辦事項	獎勵內容	是否達成
1	打掃浴室	閱讀小說三十分鐘	是
2	去雜貨店	籌備家庭遊戲之夜	是
3	支付帳單	閱讀最喜歡的部落格三分鐘	是
4	去健身房	安排朋友的生日派對	否
5	整理辦公室	看電視三十分鐘	否

- **獎勵**：看電視三十分鐘

執行相應的任務後馬上享受獎勵。這樣一來，你可以一直擁有一些值得期待的事情。

當然，上面的清單只是一個例子。你的任務清單、獎勵，以及令人開心的待辦事項，與我的清單有所不同。它不僅反映了你每一天需要完成的事情，也反映了你個人喜歡的活動。

重點是，一個聰明的獎勵系統可以激勵你採取行動，並進一步幫助你克服自己的拖延習慣。

戰術 4

填滿你的行事曆

保證你一定會拖延的方法之一就是，給自己過多的空閒時間。這是我的經驗之談。如果我的待辦事項清單有三項任務，而且我可以在幾小時內完成這三項任務，你可以賭我會拖延。我會用各種分散注意力的方式，來填滿我剩下的時間。

更明確的說，如果你有彈性，你可以計畫簡短、輕鬆的日子。例如，你可能計畫工作到中午，然後把剩下的時間拿來放鬆。關鍵是你**計畫**這樣做。

但是我前面所提的情況，並沒有這種計畫。你打算把一整天都用來工作，但你的行程表上卻有大量的空閒時間。如果你像我一樣，那麼結論是，你肯定會延遲進行這一天結束時需要完成的少數任務。

表 3-1　當日與當週待辦事項清單一覽表

當日待辦事項清單	當日預定工作時數	總待辦事項清單
遛狗（1小時）	9小時	除草（2小時）
整理書房（3小時）		製作家庭收支表（2小時）
採購食材（1小時）	剩餘時數	清理浴室（1.5小時）
	4小時	籌備度假計畫（2.5小時）
		洗衣服（1小時）

這裡的待辦事項可填入當日待辦事項清單！

一個簡單的解決方案是，填滿你的行事曆。以下是運作方式：

假設你有九小時的時間工作——從上午九點到下午七點（扣掉午餐一小時的時間）。但是你的待辦事項清單中只有三個事項。從過去經驗來看，你知道你可以在五個小時內完成這三項任務。

這樣你就多出四個

表 3-2 調整過的當日待辦事項清單

工作時段	待辦事項
9：00～10：00	遛狗
10：00～12：00	除草
1：00～2：00	採購食材
2：00～5：00	整理書房
5：00～7：00	製作家庭收支表

小時的空閒時間。請利用需要你關注的其他任務，來填滿這些時間。

你應該至少擁有兩個待辦事項清單：一個是當天的清單，另一個是「總清單」，總清單裡面包含，你最終將必須在接下來幾週、幾個月內處理完的每項任務。（理想情況下，你應該根據情境管理幾個不同的清單。但就本章的目的而言，兩個清單就足夠了。）

查看你的總清單。找出你在

這四個小時的空閒時間中可以處理的任務。

一種方法是：單純的把這些任務加到每日待辦事項清單中。但我建議你也把它們放在每天的行事曆上。這麼一來，你可以為每個任務分配時段。你的行事曆會告訴你，在一天當中的任何特定時間之內，你應該處理什麼事情。這種作法會鼓勵你繼續前進，而不是拖延。

我使用 Google 日曆（Google Calendar），並推薦給讀者使用，因為它簡單、易懂，而且免費。但也還有很多其他的選擇。

你應該記住的最重要的一點是：你給自己的空閒時間愈少，延遲任務的可能性就愈小。所以，如果你有拖延的傾向，就填滿你每天的行事曆吧。

戰術5

排定待辦事項的優先順序

有些任務具有很大程度的影響。它們對我們的婚姻、事業、收入，以及生活中的其他方面會造成顯著的改變。有些任務則**看似**很重要，但實際上對我們的影響不大。它們帶來的持續性影響很微小。

當我們對任務的優先順序不清楚，或者為任務排定不當的優先順序時，最後往往會把有限的時間花在錯誤的事情上。小而無關緊要的任務吸引了我們的注意力，而更大、更重要（且通常更困難）的任務，則被置於次要位置。

這是由於拖延所造成的。我們因為專注於更小、更容易的事項，而延遲進行重要的事項。

舉例來說，我們延遲為大型演講做準備，轉而選擇整理工作空間。我們延遲去健身房，反而去檢查電子郵件與回覆朋友的來電。我們延遲打掃房子，選擇為即將到來的生日派對買禮物。

換句話說，我們把注意力放在小事上，因此拖延了大事。我們覺得自己完成了許多工作，但重要的工作卻沒有被解決。

解決方案就是，重新確定待辦事項清單上每個事項的優先順序。確認哪些任務是最重要的、哪些任務不重要，以及它們重要與不重要的原因。區分哪些任務會造成重大的影響，哪些不會。

有許多方法可以排定任務的優先順序。有些人使用數字一到五來排序。「一」表示優先順序高，而「五」表示優先順序低。有些人則喜歡使用字母A、B、C。還有一些人使用線上待辦事項清單，並採用他們各自使用的App的優先順序功能。

在上述方法中，我位於使用App的陣營。我使用的是Todoist[2]，它能讓我使用三種不同顏色的標誌（紅色、橙色以及黃色），來安排任務的優先順序。

實踐排定優先順序這件事，比排定優先順序的方法更重要。無論你是使用數字、字母或者其他設備，都不重要。**重要的是，你要養成為待辦事項清單上每項任務排定優先順序的習慣，並且以符合自己目標的方式去排定優先順序。**

無論你是高階主管、企業家、自由工作者、全職父母，或是大學生，這都是很重要的習慣。這是各行各業成功人士完成工作的方式。

建立每日優先順序

或許你已經知道，在考量目標的情況之下，什麼事是當務之急。你知道什麼事對你而言是重要的。如果是的話，你已經贏了一半。剩下該做的事，就是為你每日待辦事項清單上的每項任務，安排優先順序標誌：一到五、A到C、紅旗標誌與黃旗標誌等。

但是如果你連一半都還沒完成呢？如果你不確定自己的優先事項呢？如果是這樣的話，還有更多的工作等著你。不用擔心。這很容易，甚至會很有趣。

請你拿著一疊紙和筆坐下來，在紙上畫出三個欄目：

1. 短期目標
2. 中期目標
3. 長期目標

接著，在相應的欄目中寫下想實現的每個目標。比方說，你可以在短期目標欄中寫下「洗車子」，在中期目標欄中寫下「寫小說」，在長期目標欄中寫下「六十歲退休」。

這張填滿目標的紙，為你提供了一個藍圖。你可以利用它來衡量你的每日待辦事項清單上，每項任務的重要性。依據該事項是否能幫助你

表 4-1　目標一覽表（短、中、長期）

短期目標	中期目標	長期目標
洗車子	寫小說	60 歲退休
整理房子	減肥	

實現特定目標，來為每個事項分配優先順序。

當待辦事項清單上的每件事似乎都非常重要時，你該如何確定任務的優先順序呢？首先，問問自己是否每項任務真的都很重要。每項任務或許**看似**都很重要，但它真的重要嗎？有些任務能在不造成嚴重後果的情況下，被分配為優先順序較低的任務嗎？在大部分的情況下，你會發現答案是肯定的。

其次，區分重要任務與緊急任務。重要任務會讓你離實現目標更近一步。緊急任務只是需要立即性的關注，但它們可能對你的目標沒有任何影響。

你可能會把所有的時間都花在處理緊急的

表 4-2　待辦事項優先順序表

	待辦事項	是否與目標相關	重要程度（1～5）	完成順序
1	鍛鍊身體	是，中期（減肥）	3	2
2	進行投資	是，長期（60 歲退休）	3	3
3	打掃房間	是，短期（整理房子）	1	1
4	購買朋友的生日禮物	否	5	4

※ 重要程度：1 最重要，5 最不重要

任務上，卻不去處理重要的任務。事實上，你應該先關注那些重要且緊急的任務，接著才是關注那些重要但不緊急的任務。最後，試著將其他所有的任務委託給他人處理、拒絕掉或延遲。

為待辦事項清單中的每個事項分配優先順序，可以讓你清楚的知道，該事項與你的目標的相關性。找出優先順序高的任務，並了解這些任務對你有何影響，這麼一來可以降低拖延的傾向。

戰術 6

待辦事項清單請控制在七項以內

大部分的待辦事項清單都太長了，包含太多任務。因此，許多任務被擱置而沒有處理，並且在一天結束前仍未完成。它們必須再度被納入隔天的清單中，或者被重新安排到未來某一天的清單。

一份未完成的待辦事項清單，會使我們士氣低落。它會削弱我們的動力，也會傷害我們的自尊心。當一天結束時，清單上未完成的任務愈多，帶來的影響就愈大。

這個問題會增加拖延的可能性。在一天結束時，面對一長串的任務與專案，我們開始感到不知所措，覺得自己被埋沒在一座未完成的工作之山底下。這使我們的壓力上升，因此變得難以在適當的分配時間這方面，做出明智的決定。

許多人（我是其中之一）藉由停工來回應這種困境。我們因為無所作為而陷入癱瘓。當然，這樣的作法又加劇了這個問題，因為我們讓未完成的任務繼續堆積。

解決方案很簡單：縮短你的每日待辦事項清單。

你的每日清單不應該包含七個以上的事項。如果你的清單**超過**七個事項，那麼其中一些事項在一天結束時仍未完成的風險會相當高。至少，這是我在自己的生活中得到的經驗。

七項是可行的。它夠簡短，不會讓清單顯得難以征服。此外，藉由限制任務的數量，你可以限制自己必須關注的不同選項的數量。

這可以讓你專注於重要的事情。

由於需要關注的任務減少，你拖延的機會就會更小（無論是因為缺乏動力，還是因為感到不知所措而無法正常運作）。

表 5-1　未整理的每日待辦事項清單

待辦事項			
1	整理書房	6	籌備度假計畫
2	遛狗	7	整理換季衣物
3	採購食材	8	清理資源回收物品
4	除草	9	製作家庭收支表
5	清理浴室		

我的實驗紀錄

我最近一直在試驗以下作法：只在待辦事項清單中放入三個事項。我每天晚上會查看我的「總清單」，並從中選擇三個隔天進行的任務。不超過三項。

選擇能填滿我的行程表的任務很重要。如果我計畫工作八小時，我會選擇三項合計必須花八個小時才能完成的任務。否則，我很容易會四處閒晃、浪費時間（參見戰術4）。

表 5-2　限縮在 7 項內的待辦清單

待辦事項			
1	遛狗（1 小時）	5	清理浴室（1.5 小時）
2	整理書房（3 小時）	6	
3	製作家庭收支表（2 小時）	7	
4	採購食材（1 小時）		

※ 也可參考表 3-2，將行程排入時程表

到目前為止，這個實驗已經產生了有趣的結果。我每天都能夠完成我的清單，這本身就是一種很棒的感覺。但我還發現，如果三個事項被放在較短的清單中，我完成的時間會低於它們正常所需的時間。

舉例來說，我昨天的待辦事項之一是寫兩千個字。當這項任務出現在一個較長的待辦事項清單中時，我大約需要花五個小時才能完成（我是一個速度慢的作家）。但是當它出現在只有三項任務的清單上時，我可以在三個小時內完成它。

我意識到這是一種心理上的影響。縮短我的待辦事項清單並不會使我變得更擅長寫作，但我**會**更專注且感到更沒壓力。如此一來，讓我更容易捲起袖子，忽略干擾，進入心流狀態（編按：一種將個人精神完全投注在某種活動上的感覺）。

我想你也會發現，保持你的待辦事項清單簡短，會對你產生類似的影響。你自己也試試看吧。

戰術 7

刻意壓縮每項任務的可用時間

對許多人來說（包含我自己），完成一項艱鉅任務的祕訣，並不是投入更多的時間。恰恰相反的，**完成它的祕訣是：限制進行這項任務的可用時間。時間限制可以解決認知慣性**（cognitive inertia，譯註：指信念一旦形成，就會持續存在的傾向）**的問題。有鑑於處理任務的時間有限，我們會更傾向於採取專注的行動來完成任務。**

舉例來說，假設你是一位大學生，下週有一場化學考試。在沒有時間限制的情況下，你現在就開始學習的動力會很少。除此之外，即使你終於努力打開書本複習課堂筆記，我們還是幾乎可以肯定你會浪費時間。原因是你沒有為學習設定時間限制。

在這種情況下，本質上你已經為自己寫下一張空白支票，使用的貨幣是時間而不是錢。在無限供應的情況下（請注意，它只是**看似**無限），自然會造成浪費。

現在，思考一下當你的時間有限時，會發生什麼事。假設你給自己四十五分鐘的時間為考試做準備。可能會發生兩件事：

1. **你會變得更專注**。由於只有四十五分鐘的時間可用，你就會比較不容易分心。

2. **你會變得更有可能採取行動**。給自己四十五分鐘的學習時間，讓你的學習有一個終點。這會讓學習變得更有趣，也變得不那麼可怕，因為你看得見終點。

帕金森定律（Parkinson's Law）指出：「當你有多少時間可以完成工作，你就會延伸工作來填滿可用的時間。」如果你給自己兩個小時來完成一項任務，你可能就會花兩個小時來完成它。如果把可用時間縮短為九十分鐘，那麼你就會在壓縮的時間範圍內完成任務。

表 6　縮短你的待辦事項時程

	待辦事項	縮短時間後的待辦事項
1	遛狗（1 小時）	遛狗（45 分鐘）
2	整理書房（3 小時）	整理書房（2.5 小時）
3	製作家庭收支表（2 小時）	製作家庭收支表（1.5 小時）
4	採購食材（1 小時）	採購食材（45 分鐘）
5	清理浴室（1.5 小時）	清理浴室（1 小時）

請把這項原則銘記在心，並先為待辦事項清單上的每項任務設定時間限制。這麼做能讓每項任務變得更有條理。它也為任務分配了具體的（如果是人為的）終點。你會提前知道你將要執行任務多久。

接下來，縮短你為自己設定的時間限制。如果你一開始給自己兩個小時來完成一項任務，那麼請把時間縮短為九十分鐘。如果你原本給自己二十分鐘來完成某件事，把時間縮短為十五分鐘。

換言之，請你採用帕金森定律。

練習這兩個簡單的習慣，就比較不容易拖延，即使當你面對自己害怕的任務與專案時，情況亦是如此。這是因為我們的腦袋喜歡看得見結束點。當它看到有一個這樣的終點時，就比較不會被立刻採取行動的想法嚇到。

戰術 8

要求他人為你設定截止日期

我們都對自己設定的截止日期不陌生。我們常會設定截止日期，並且試圖達成。但由於各種原因，我們常常會失敗。這種反覆出現的失敗，無可避免的激起我們的內疚感。隨著愈來愈落後於行程表，這也增加了壓力。

首先，你應該意識到你並不孤單。其次，你應該了解有一個解決方案（稍後進一步解釋）可以解決這個問題。

早在二〇〇二年，丹．艾瑞利（Dan Ariely）與克勞斯．沃頓博屈（Klaus Wertenbroch）兩位心理學家，進行過一項研究，他們研究不同類型的截止日期，對麻省理工學院（MIT）學生的影響。[3]

他們把學生分成兩組。第一組學生被要求按照他人提供給他們的行程表，提交三份報告。第二組學生則要根據他們自己建立的行程表，提交三份報告。

第二組學生需要遵守幾條規則。第一，他們必須在教授的最後一堂課之前，提交全部的三份報告。第二，他們必須提前讓教授知道他們的截止日期。第三，一旦他們告知教授截止日期後，便禁止更改截止日期。

接著，艾瑞利與沃頓博屈按兵不動的觀察實驗的進行。

他們猜想，第二組學生會選擇在最後一堂課當天提交他們的報告。這麼做能夠給他們最大的彈性：學生們可以提前交他們的報告，或者等到最後一天再交。他們可以自己決定。

但結果並非如此。令人驚訝的是，在第二組學生當中，有七五%的學生設定了更早的截止日期：學期結束前一週、四週，以及六週。

這表示在第二組學生中，大多數學生認為如果有機會的話，他們會拖延。這同時也表示，他們認為設定更早的截止日期，可以減輕拖延傾向。

但同樣的，結果出乎意料。為自己設定截止日期的這組學生，更有可能遲交他們的報告。

研究人員得到結論，在自己設定截止日期的情況下，表現會受到影響。當其他人為我們設定截止日期時，我們往往會表現得更好。

艾瑞利與沃頓博屈進行了第二次研究，證實了這些發現。在第二次的研究當中，自己設定截止日期的研究對象，不僅更有可能遲交工作，而且更不太會發現錯誤。

因此，如果為自己設定截止日期無法消除你拖延的風險，那麼應該由誰來設定截止日期？如何說服這些人來幫助你？

如何讓其他人為你設定你的截止日期

你採取的方法將取決於你的情況。如果你是一位大學生，你的教授可能會規劃一個時程表，詳細說明你何時應該交作業與報告，以及參加考試。但是，如果你的教授希望你自己製定時程表呢？

請你的教授為你製定時程表。告訴他，如果任由你自己決定，你很可能會拖延。向你的教授解釋，如果讓其他人（想必是你的教授）為你設定截止日期，且提出錯過截止日期的後果，能激勵你採取行動。進而有助於你從課程中獲得更多的價值。

如果你是高階主管，請使用同樣的方法。如果你的老闆把專案分配給你，並且期望你按照自己製定的時程表完成專案，那就請他為你設定截止日期。向你的上司解釋，這麼做可以讓你更加負責，以增進你交付成果的時效性。

如果你是一個企業家或自由工作者呢？你既沒有教授也沒有老闆，可以幫助你專心工作。如果你是企業家，就找一位監督夥伴（accountability partner，我們在「戰術10：讓身邊的人監督你完成任務」中會有更多討論）。如果你是一位自由工作者，就請客戶為你的交付成果設定（合理的）截止日期。

這種戰術對你生活的私人方面也有效。例如，假設你負責安排家庭旅遊。請你的另一半為你設定購買機票、預訂酒店房間，以及計畫每日參觀行程的截止日期。

大多數人認為，我們可以自己做這件事。但是科學證明，在這方面我們受益於其他人的幫助。試試這個戰術，我保證它會幫助你馴服內心的拖延者。

戰術 9

利用你一天中活力巔峰的時刻

我是個早起的人。我早上五點半起床，依照早晨日常計畫幫助自己集中精力，然後開始進行工作。我發現我在清晨的工作效率更高，也比較不會拖延。我通常在接近下午三點的時候速度就會慢下來，到下午五點之後就不中用了。

你的情況可能完全不同。你在早上的時候可能還在掙扎，但到了晚上你就很有活力。當其他和我一樣的人的一天接近尾聲時，你的創造力與生產力可能正值高峰期。

你應該記住的重點是，我們的活力會影響拖延的傾向。因此，你有必要確定自己的精力在何時達到高峰，並且最大程度的利用一天中的那些時刻。

如何確定你的活力巔峰時刻

這種戰術需要實驗與耐心。但我向你保證，結果會讓你做的實驗與付出的耐心有所價值。你可以根據以下三個步驟，分辨出你一天的活力程度。

步驟一：建立一個新的試算表。我推薦使用 Google 試算表（Google Sheets），因為它是免費的，而且儲存在雲端，因此你可以從你的筆記型電腦、平板電腦、或手機使用它。

步驟二：建立以下列欄目（從左到右）：

- 星期幾（星期一、星期二等）
- 每小時時段（上午六點~七點、上午七點~八點等）
- 活力程度（從一到五）

- 註解（活動細節，像是午餐、會議等）

步驟三：監控你的活力水準。在每個時段結束時，給予一個等級（從一到五）。

執行步驟三至少兩週。你會發現一些規律。例如，或許你會發現，在早上六點到中午這段時間你的精力充沛，到了下午五點之後就精力不足。或者，你可能會發現相反的情況：你在早上時總是無精打采，但在下午一點過後就開始進入狀態。

你或許還會發現，你的活力水準很大程度的受到某些活動影響。譬如說，會議可能耗盡你的精力，而創造性工作會增加你的精力。

進行這項活動的目的，是為了確定你的精力在一天中處於最高點的時間。你應該在這些時刻安排困難或不吸引人的任務，這樣一來就比較不會延遲進行這些任務。

值得重申的是，這項活動需要耐心。從早到晚每小時追蹤你的精

表 7　每日各時段活力程度紀錄表

	星期	時段	活力程度	註解
1	Mon.	9：00～10：00	4	寫稿（完成400字）
2	Mon.	10：00～11：00	2	寫稿（完成700字）
3	Mon.	11：00～12：00	2	整理文件
4	Mon.	12：00～1：00	3	午餐
5	Mon.	1：00～2：00	2	外出散步
6	Mon.	2：00～3：00	3	寫稿（完成550字）

※ 活力程度：1 為最高，5 為最低

力連續兩週，這可能會是件苦差事，但是沒有更好的方法可以收集這些資料了。一旦你擁有這些資料，就能夠做出更好的決定，亦即決定應該把你可能會延遲的任務，安排在什麼時候進行。

戰術 10

讓身邊的人監督你完成任務

當我們需要對他人負責時，更有可能把事情做好。這是人類的天性。我們不想在別人面前失敗。正好相反的，如果我們告訴別人自己要做某件事，我們會希望能達到期望。

舉例來說，假設你公開聲明，你將在六個月內撰寫並出版一本小說。你在你的部落格上發布這項聲明；你在臉書上宣布這個消息；你向你的同事提及此事；你告訴你的家人和朋友。

現在所有的目光都盯著你。你已經設定了一個期望。如果你在意別人如何看待你，你就會開始寫小說。因為你不想在六個月過後，告訴所有人你失敗了。你希望你可以向他們展示你完成的小說，然後說「任務完成了」。

這就是責任的力量。我們重視自己的社會地位，並且會竭盡全力的提升與加強我們的社會地位。

我們可以利用這種對我們有利的行為刺激，來幫助克服拖延傾向。告訴其他人你接下來要完成的特定任務或專案，這個簡單的行為可以成為進行任務的動力。如果我們無法兌現承諾，我們自己選擇的負責對象，就會要求交出成果。這是多數人希望能避免的情況。

譬如說，假設你打算更換汽車的剎車片。但你不想把車開到修車廠，這樣做會為你帶來很大的不便。因此，你想盡可能的拖延得愈久愈好，也許直到你的剎車開始發出鬼魅般的尖叫聲。

為了解決延遲維修的念頭，請把你打算做的這件事，告訴某個會要求你負責任的人。設置一個截止日期，以確定你是否已完成任務。

例如，告訴你的另一半，你在星期六早上會把車子開到維修廠。如果你在意伴侶對你的看法（你是否能自動自發完成打算做的事），你就會按照計畫去做。

對他人負責能激勵我們採取行動。同樣的，我們想避免承認失敗。我們對於承認失敗的厭惡感，給了我們採取行動的動力。

你可以把這個戰術，利用在任何你可能會想拖延的任務或專案上。**關鍵是你需要找一位願意給你壓力的監督夥伴，讓他強迫你做不太願意做的事**。選擇一位你喜歡且信任的人，如果這個人是一位天生積極的人，也會很有幫助。你需要一位能夠改善你的思維模式的監督夥伴，而不是以負面情緒讓你感到沮喪的人。

我強烈建議你試試這個戰術，不要小看它的有效性。選擇一個你可能拖延的任務，承諾在未來某個特定日期或時間完成它。跟家庭成員、朋友、或同事分享這個承諾，讓他們監督你負起責任。

當你試著這麼做的時候，你可能會因為採取行動的動機有多麼高，而感到很驚訝。

戰術 11

把任務分解成一個個小步驟

小任務比大任務更容易完成。例如，短跑比跑馬拉松更容易；寫小說裡的單一場景比寫整部小說更容易；預定飯店房間比從頭到尾計畫家庭旅遊更容易。

任務或專案愈大，看起來就愈嚇人。這會削弱毅力，並且讓我們難以採取行動。

回想一下你在學校念書的時候。你的老師或教授希望你寫一篇報告——也許是一篇讀書報告、有說服力的論文、或者是解釋性的文章。無論具體情況如何，這項專案一開始看似令人望而卻步。它需要投入大量的時間與精力。你必須進行研究；你必須把想法彙整並編寫成完整的結構；最後，你必須交出一份寫得很好且思考周全的最終成品。

考慮整個專案可能會讓人覺得焦慮不安，甚至是沮喪。在這種情況下，你可能已經想拖延它了。（我在高中和大學時，這樣做的次數已經數不清了。）

但是當你邁出第一步後，會發生什麼事呢？當你開始研究、或開始寫開頭的前幾句話，會發生什麼事呢？我敢打賭，這個專案會突然變得沒那麼嚇人。它會從看起來似乎不可行，變成看起來似乎可行。

這是克服拖延習慣的有效戰術。

首先，把專案分解成最小的部分。然後，把每個小部分視為單獨的任務。專注於每項任務的完成，當你完成它時，你就可以把它從你的待辦事項清單上劃掉。

比如，假設你正計畫要徹底的打掃你的家。這項專案可能需要花幾個小時與投入許多的努力，因此你很想延遲它。與其延遲這項專案，不如依照空間把它逐一拆開來進行。以下是你需要處理的各別任務：

客廳

- 清理家具上的灰塵
- 用吸塵器吸地板
- 擦拭百葉窗和窗戶
- 整理咖啡桌

餐廳

- 清理餐桌上的灰塵／擦亮餐桌
- 清理餐桌椅上的灰塵
- 用吸塵器吸地毯
- 拖地

房間

- 用吸塵器吸地
- 清空垃圾桶
- 清理家具上的灰塵
- 更換床單和床罩
- 清洗窗戶

浴室

- 清洗馬桶
- 清洗淋浴間／浴缸
- 清洗化妝鏡
- 整理梳妝台台面
- 清理洗手台

表 8　專案細分步驟表

專案名稱	細分步驟	是否完成
打掃客廳	清理家具上的灰塵	是
	用吸塵器吸地	是
	擦拭百葉窗和窗戶	是
	整理咖啡桌	是

- 洗地板

廚房

- 洗碗
- 清理流理台
- 拖地板
- 清理電器用品
- 清理冰箱

工作室

- 清理家具上的灰塵
- 整理郵件
- 用吸塵器吸地／掃地

● 擦窗戶

藉由將這項專案拆成各個組成部分，它變得沒那麼嚇人，也更容易管理。沒錯，還是有很多事要做。這點並沒有改變。但是，你現在對於構成這項大型專案的小型任務，有了更確定的把握。此外，你獲得一份各別任務的清單，當你完成這些任務時，可以劃掉它們。這樣做會為你帶來持續性的成就感。

同樣的，**這個戰術不會減少完成專案需投入的時間與精力。它只是改變你的思考方式，讓專案顯得更容易實現。**這可能是為了提供完成專案所需的動力，你必須採取的幾項起始步驟。

戰術 12

盡可能避免無聊的工作

我個人認為，無聊的工作是最難的工作。枯燥乏味的工作很容易讓人拖延，轉而選擇更有趣的活動、或更有意義的工作。

要激發動力讓人去做無聊的工作，是件很困難的事。而且，即使我們開始從事這項無聊的工作，也很難保持專注。就我個人而言，如果一項無聊的任務需要多花我幾分鐘的時間來解決，我就會呈現心理抽離（mentally disengage）的狀態。我會完成任務，但心思不會在這件事上。完成這件事，除了讓我終於可以從事更吸引人的任務與專案之外，無法獲得任何回報。

也許你也有同感。如果是的話，當你面對這樣的任務時很有可能會拖延。我當然也是。在這種情況下，要遏止拖延習慣的最好解決辦法就是，避免無聊的工作。把它從你的行程表上刪除。如果刪除它不是個好選項，那麼你可以試著把它委派給其他人做。

例如，假設你很討厭修剪你的草坪，覺得這個任務單調乏味到想哭的地步，所以如果可以選擇的話，你會選擇無限期的延後。在這種情況下，為什麼不把這項任務委派出去呢？你可以雇用某個人來為你修剪草坪。這麼一來，你不需要激勵自己去做，這項任務就能完成。

你也可以用另一個對你來說更有意義的任務，來取代枯燥的任務。以下是我本身的例子……

我花了很多年的時間，為各行各業的公司撰寫文章、白皮書、案例研究，以及廣告文案。有些主題非常有趣。我發現自己對這些主題的研究，超出了我的客戶的需求。

但有些主題對我來說卻是極為枯燥，我對這些主題完全沒有興趣。因此，每當我坐下來寫這些主題時，都會面臨極大的內在阻力。

我經常會把工作拖延到最後一刻。最後，我終於得以實現不必承接這類的工作。我早已到達可以挑選客戶的地步了。因此，我決定用對我來說更有意義的專案，來取代枯燥乏味的專案。

這個方向轉變的結果令人難以置信。我不再拖延我所從事的工作。相反的，我很興奮的為更新後的穩定客戶，開始認真做事與撰寫內容。我發現這項工作變得更有價值。

如果你背負著無聊的專案，那麼請你問問自己，是否可以擺脫它們。如果你沒辦法擺脫它們或委派給別人做，那麼你可以替換它們嗎？如果可以的話，請利用這個選項。你將發現你比較不會拖延有意義的工作。

如果你不能避免無聊的工作，該怎麼辦？

當然，你不可能永遠能夠避免無聊的工作。單調的任務也是你職責的一部分。例如，你的老闆可能希望你能準備一份，讓你無聊到想流淚的每週報告。你不能委派給別人做，你也不能放著它不去做。你不得不笑著忍耐去做這件事。

或者，你也許是一名老師，而你覺得為學生的論文打分數是單調乏味的（且令人沮喪的）瑣事。如果你沒有課堂助理可以幫你完成這項任務，你就必須自己去做。

如果你得被迫接受無聊的工作，那就想辦法讓它變得更吸引人。

解決方案就是把它當成玩遊戲。舉例來說，如果你的任務是為上司準備一份枯燥乏味的報告，那就試看看能在多短的時間內正確的完成報告。如果你打破自己先前的時間紀錄，就給自己一個獎勵。

你還可以使用「遊戲化」App，來幫助你完成充滿無聊任務的待辦事項清單。以下舉幾個遊戲化 App 的例子：

- Habitica
- LifeRPG
- Task Hammer
- Epic Win
- SuperBetter

這些 App 的目的是，讓枯燥乏味的任務可以更有趣的完成。我自己沒有使用，但很多使用者都提供了正面回饋。或許你也會發現，這些 App 可以減少你的拖延傾向。

戰術13
擺脫環境的干擾

許多人認為讓人分心的事會導致拖延。但情況恰好相反。我們**先**選擇拖延，**接著**才是尋找分散我們注意力的事情。

這是一個很重要的區別。如果我們能夠消除環境中讓我們分心的事項，我們就不太可能延遲正在進行的任何專案。因為在我們的環境中，已經沒有別的事情可以關注了。

例如，假設你要寫一篇文章，家裡有幾個可以寫文章的地點。其中一個選擇是你的客廳。問題是客廳裡有一台電視，所以，在客廳你除了觀看網飛上你最喜歡的節目，其他事情你都不想做。

另一個選擇是你的主臥室。那裡沒有電視，但是有大量的雜物，而雜亂的工作空間就像電視一樣容易令人分心。

另一個選擇是你的工作室。工作室跟主臥室一樣沒有電視。此外，工作空間是乾淨的。從各方面來看，你的工作室是個沒有干擾的環境。因此，如果你把自己隔離在工作室裡，就不太可能會拖延寫文章。畢竟，在工作室裡沒有其他可以讓你關注的事物。

你應該記住的重點是：環境中的干擾愈少，你就愈可能對手邊的任務採取行動。因此，盡可能消除環境中的干擾是件值得做的事。

關上你的手機；清理你的工作空間；如果你在家裡，請你的家人在你工作的時候，不要打擾你；如果你在辦公室，請同事不要來找你聊天；如果牆壁上掛著讓你分心的圖，請把它移除；如果附近有會讓你分散注意力的噪音，請戴上耳塞。

請記住，是我們先選擇拖延，然後才去尋找讓我們分心的事，填滿空出來的時間。擺脫所處環境的干擾，也盡可能減少吸引注意力的排遣途徑。你會發現當你沒別的事可做時，很難有拖延的正當理由。

戰術14

暫時關掉社群媒體網站的通知

數位消遣跟環境干擾同樣具有影響。事實上，在某些情況下，數位消遣更糟糕。它們設計的目的就是吸引你，然後牢牢的抓住你的注意力。

以臉書為例。臉書是受全球拖延者所青睞的一種消遣。根據專家估計，該網站每年造成數千億美元的生產力損失。這不是意外。臉書就是設計來吸引你，並且讓你一次又一次的重訪。它設計的目的就是讓人成癮。

史丹佛大學商學院（Stanford Graduate School of Business）的一位講師尼爾．艾歐（Nir Eyal）這樣說：

「臉書想要跟你建立的關係就是，每當你感到無聊、每當你擁有幾分鐘時間時，你就會聯想到它。從心理上來說，我們知道無聊是痛苦的。每當你感到無聊、每當你有幾分鐘多餘的時間，這是一種止癢的慰藉。」[4]

如果你是一位慢性拖延者，那就會是個問題。像臉書這樣的數位消遣會不斷誘惑你，要你放下手邊正在處理的任何事情，轉而選擇它們提供的立即性滿足感。這就是為什麼這些類型的干擾，往往勝過環境干擾帶來的影響。因為它們被設計得很有誘惑力。

例如，我們的手機已經成為忠實的夥伴，每隔幾分鐘就有新的短訊與電子郵件打斷我們。從臉書與推特，到 Instagram 與 Pinterest，社群媒體網站不斷誘惑我們放下工作，去跟朋友互動。從新聞頭條到 YouTube 影片，網路為我們提供了不計其數的拖延理由清單。

除非我們採取措施來隔絕數位干擾，否則它們會一直存在，並且不斷的拉走我們的注意力。

很多人會說服自己，他們能夠耐得住這些干擾，甚至忽視它們。但根據證據表明，這種假想是一種錯覺——至少對某些人來說是這樣。《解開拖延之謎》（*Solving The Procrastination Puzzle*）一書的作者提摩太．皮奇樂（Timothy Pychyl）進行的一項研究發現，**人們上網的時間當中，有四七%的時間是用來拖延。**[5]

這是個發人省思的數字。鑒於此研究發現，我建議你應該排除數位消遣，而不是單純的試圖忽略它們。

舉例來說，每當你使用你的電腦工作時，請你中斷網路連線。如果你需要上網研究某些內容，請不要中斷你進行的流程。取而代之，你可以把需要研究的內容記錄下來，然後繼續工作。等到了適當的休息時間點，你再去研究所需的詳細內容，然後填補上這些空白處。

如果切斷你的網路連線不是個好選擇，那麼就使用封鎖網站的App，像是 SelfControl、Freedom、或是 StayFocusd。這些 App 可以讓你選擇禁止瀏覽特定網站的時間。你沉迷於臉書嗎？把它加到你的封鎖網站清單中。你似乎沒辦法遠離美國有線電視新聞網（CNN.com）嗎？封鎖它。很難遠離 Reddit（譯註：美國的社群網站，類似台灣的 PTT 網路論壇）嗎？把它加到清單上。

如果你需要研究一些東西，你可以使用上述方法，而不必擔心自己會在平常最喜歡浪費時間的網站上，浪費一個小時的時間。

抵抗整天查看電子郵件的誘惑。譬如，不要在瀏覽器上，開一個分頁標籤來打開電子郵件程式。如果你在工作時必須打開手機（比如，你正在等待重要的來電），那麼請關閉收到新電子郵件的通知。

以類似的方式解決聊天訊息通知。在理想的情況下，你的手機在工作時應該關閉。這麼一來，你就不會聽到新的聊天訊息的提醒通知，也不會想停下你正在進行的事，去看聊天訊息。如果必須保持手機開機，那就關閉通知。

有了上述措施，你就能安心的工作，而不會一直受到數位娛樂的打斷或誘惑。如此一來，你就不容易拖延眼前的任務或專案。

戰術 15

使用時間分段法

我提倡時間分段法。時間分段法是一種與番茄鐘工作法（pomodoro technique）相似的工作流程系統。兩種方法的區別在於時間分段法更加靈活。

以下是時間分段法的運作方式：

首先，根據任務的工作類型與任務需投入的專注力來管理任務。例如，有些任務可能涉及寫作或研究。其他任務（像是付帳單）可能涉及簡單、重複的行為。

其次，分配合理的時間去完成每項任務（或一批任務）。

最後，根據時段建立行程表，在這段時間裡你可以不受干擾的處理任務。另外，在每個時段之間安排休息時間。

舉例來說，假設你需要寫一份報表。你預計自己需要花四個小時來完成這份報告。

四個小時意味著你需要付出相當大的努力，因此你可能會不由自主的想拖延。所以，讓我們把任務拆解成可管理的時間段。範例如下：

- 寫四十五分鐘
- 休息十五分鐘
- 寫四十五分鐘
- 休息十五分鐘
- 寫四十分鐘
- 休息十分鐘
- 寫四十分鐘
- 休息十分鐘

表 9　時間分段表

工作項目（寫報告）	時間分段（需 4 小時）	是否完成
寫報告	45 分鐘	是
休息	15 分鐘	是
寫報告	45 分鐘	是
休息	15 分鐘	是
寫報告	40 分鐘	是
休息	10 分鐘	是
寫報告	40 分鐘	是
休息	10 分鐘	是
寫報告	35 分鐘	是
休息	5 分鐘	是
寫報告	35 分鐘	是

- 寫三十五分鐘
- 休息五分鐘
- 寫三十五分鐘
- 慶祝，因為你已經完成報告了！

當一項大型任務被分解成好幾個時間段，它就變得沒那麼可怕了。此外，在每個時間分段之間固定安排休息，可以讓任務看起來沒那麼討厭，也會讓任務看起來更容易做到。

對我個人而言，我很害怕必須坐下來花四小時去寫一份報告。但是如果是寫四十五分鐘，接著休息十五分鐘呢？再寫四十分鐘，接著休息十分鐘？這一點也不成問題。因此，這項工作就會完成。

不要依賴掛在牆上的時鐘。當你以時間分段來進行工作時，我建議你使用計時器。一個價值五美元的廚房用計時器就可以了。你可能更喜歡使用你的手機，但要注意手機可能帶來的干擾——例如，電子郵件、聊天訊息，以及社群媒體通知。

把計時器放在你的面前。根據你為下一個時間分段所分配的時間長度（譬如四十五分鐘）進行設置。然後，開始進行眼前該處理的任務或專案，直到計時器響起，也就是它發出時間段結束的信號為止。在計時器響起之前，不要停止工作。

一旦計時器響起，就設定你分配給下一次休息的時間長度（譬如十五分鐘）。在這段時間裡，你可以做任何你想要做的事情（包含你可能從事的任何浪費時間的活動，而不是進行你該處理的任務）；閱讀你最喜愛的部落格；瀏覽臉書；觀看一些 YouTube 影片；小睡片刻。

當計時器響起，再設定下一個時間段的時間長度，然後重新回到工作上。

以這種方式工作，可以減少拖延的誘惑。**這個方法把大型、令人**

害怕的專案拆解成更易於處理的一小段任務。此外，短時間的工作可以提高專注力，讓你不容易受到干擾。

下次當你遇到可能需要花兩個小時以上，才能完成的任務或專案時，試試看時間分段法。你可能會驚訝於自己開始進行任務的願意有多高，因為你知道很快就能休息了。

戰術 16

盡可能刪除不必要的任務

如同前述，當我們有很多選擇時，就更有可能拖延。我們在「第一部分　我們為什麼會拖延？（更能獲得立即性滿足感的選項）」中曾提到這種現象。但是在該內容中，我們的討論僅限於像是社群媒體、YouTube，以及電視這類的干擾。

其他任務也會有相同的影響。如果我們被迫在困難的任務與容易的任務之間做選擇，多數人都會傾向於選擇後者。

你從親身經歷就能了解這一點。無庸置疑，有時候你會查看你的待辦事項清單，然後被那些可能需要花相對較少時間與精力的事項所吸引。就我個人來說，我這麼做的次數已經數不清了。

簡單的任務會透過這種方式，誘使我們拖延困難的任務。

有時候這些任務是躲不掉的。你可能不需要馬上解決這些任務，但必須在一天當中的某個時刻處理這些任務。例如，你可能需要打電話給客戶、寄電子郵件給兒女的老師，或是支付這個月的帳單。這些任務需要關注，但通常不太需要**立即性**的關注。它們可以被你安排在你的每日行程表上，然後根據優先順序來處理。

其他任務則是完全沒必要的任務。它們在幫助你實現目標方面，不會帶來重大的影響。因此，這些任務是在浪費時間與精力。

你也可能有這樣的問題。你是否曾經建立過一個太長的待辦事項清單，以至於自己都認為永遠不可能完成每個事項？你是否曾經在查看你的待辦事項清單時，突然好奇為什麼有些事項會列在清單上面？

我過去經常遇到這些問題。幾年前，我沒有根據情境適當的管理待辦事項清單。我的清單只是累積大量任務的清單，因為我會在想到任務時把它們寫下來。有很多任務都是不重要的。它們可以從我的清單上消失，而我永遠不會注意到。

這些不必要的任務，引出了我內心的拖延者，因為它們執行起來通常很簡單，而且完成它們不需要太多的時間與精力。我經常拖延更困難、更重要的任務，轉而從事這些無關緊要的任務。這是一種拖延的形式。

最後，我全面修改了我的待辦事項清單系統。我的首要任務之一是，絕不允許不重要的任務出現在每日清單上。我也會每天檢查我的清單，找出那些變得不重要且被刪除也不會有影響的事項。

有趣的事發生了。第一，我的每日待辦事項清單規模縮小了，從幾十個事項減少到七個事項以下。第二（也是最重要的一點），這種大幅度的縮減給了我更少的選擇，因此我無法有太多的選擇，可以讓我為拖延困難的任務做辯解。

現在，我的待辦事項清單甚至更短。正如我在「戰術6：待辦事項清單請控制在七項以內」中所提，我正在實驗只列出三個事項的清單。這對於克服我內心拖延者的效果更加顯著。當我面對很少數的任務時，我無法辯解在不必要的事項上浪費時間是正當合理的事。

我建議你**每天早上檢查自己的待辦事項清單。找出對於實現你的目標幾乎毫無影響的瑣碎任務，把它們刪除**。這麼一來，你就可以擺脫那個只會誘使你拖延更重要、更有意義任務的清單。

戰術 17

不要一心多用

我們大部分的人會同時進行多項工作。我們會試著同時處理多項事務，並且相信這樣做有助於我們完成更多工作。但是，其實多數人憑直覺就能曉得，這麼做的結果是不切實際的。一心多用會削弱我們的注意力、讓我們更容易分心、增加我們的犯錯率，以及降低我們的工作效率。

但是還有另一個放棄這種作法的理由：它讓我們更有可能拖延。同時處理多項任務和專案，會讓我們**感覺**自己好像完成了許多工作。我們享受這種成就感。不過問題是，這通常只是一種錯覺。**我們讓自己忙於不重要的任務，但卻忽略（或者更糟糕的是，刻意忽略）更重要的任務**。

換句話說，同時進行多項工作通常是一種拖延的形式。

社會作家克雷・薛基（Clay Shirky）在為 Medium.com 撰寫的一篇文章中，做出了最好的解釋，以下是他所寫內容：

「人們經常同時處理多項工作，因為他們相信多工處理可以幫助他們完成更多工作。這些成果從未實現；相反的，效率會下降。然而，多工處理伴隨而來的副作用是，它提供了情感上的滿足感（多工處理在工作期間帶來了拖延的樂趣）。」[6]

最後一句話值得重複：「**多工處理在工作期間帶來了拖延的樂趣。**」

這是非常有誘惑力的影響，大到影響了我們的行為。生產效率高的錯覺，讓我們充滿積極的感受。當我們**認為**自己已經完成很多工作時，在情緒上會感到很滿足。這些感覺會鼓勵我們，重複採取任何能夠帶來這種感覺的行動。

因此，我們會繼續進行多工處理。這就是很難遏止這個習慣的原因。但是，如果你真的想停止拖延行為，你就必須控制它。**延遲行動與多工處理這兩種習慣是密不可分的**。

如何成為單一任務執行者

從事單一任務是一種習慣，就像其他任何一種習慣一樣。因此，當你想培養這個習慣時，要對自己保持耐心。採取小步驟，並且透過長時間來建立它們。

第一，如果你還沒這樣做，我強烈建議從每日待辦事項清單著手。不要依賴你的記憶力。**寫下每一件需要注意的事項**。清單上的事項愈少愈好，因為如同我們前面所提到的，事項少可以減少你的選擇，並提升你的專注力。

第二，為待辦事項清單上的每個任務排定優先順序。你可以使用數字（一、二或三）、字母（A、B或C）、或你選擇的任務管理App的排定優先順序功能。

第三，在前一天晚上確定任務的優先順序。這樣一來，你就不用在需要完成它們的那一天，浪費時間去做這件事。你只需要查看你的清單，先找出優先順序高的事項，然後把注意力集中在這些事項上，之後再解決比較不重要的工作。

第四，清除你工作空間裡的干擾，包括環境與數位干擾。我們在「戰術13」和「戰術14」中已詳細介紹這個主題。

第五，使用時間分段法安排你的一天（「戰術15」中所討論的內容）。以時間分段方式工作，可以讓你一次專注於一項任務。

第六，如果你經常試圖在線上同時執行多項任務，那麼請關閉所有瀏覽器分頁，只留下一個分頁就好。這樣就比較不容易受到網路上源源不斷的干擾。

第七，每當你從一項任務切換到另一項任務時（這就是所謂的多工處理）**都應該意識到中斷任務帶來的成本**。這個成本稱為轉換成本（switching cost）。它會對你的工作效率帶來破壞性的影響。

請記住，執行單一任務是一種習慣。堅持這個習慣最好的方法就是慢慢培養。如果你跟大部分的人一樣，一直以來都習慣於同時進行多項工作，那麼你更應該慢慢培養這個習慣。所以，你得花一點時間，對自己保持耐心，原諒自己偶爾犯錯。養成這項習慣的好處是，你會擁有更高的專注力、更高的生產力，而且比較不容易拖延。

戰術18 別懷疑自己是否做得到

自我對話是關於你自己的內心對話。它嚴重的影響你對自己的看法，甚至可能讓你相信不真實的事情。

舉例來說，你可能會反覆告訴自己：「你是個失敗者」，因此認為自己嘗試去做的任何事情都一定會失敗。把自己定義為失敗者，絕對是一種不公平也不正確的敘述。然而，這種無所不在、沒人反對的自我知覺最後會說服你自己，讓你相信自己所負責的任何專案，都會以失望收場。

這種情況會增加拖延的傾向。畢竟，沒有人喜歡失敗的前景。我們傾向於避免這種情況，即使這代表著，我們將會無限期延後自己認為最終會導致失敗的專案。

消極的自我對話有很多種形式。最顯而易見的形式是自我批評（self-criticism）。我們為察覺到的缺點而痛斥自己，不恰當的拿自己認定在這些領域中更優秀的人，與自己做對比。這種作法會打擊我們的自尊心，以至於讓我們很難對任何一件事採取行動。

不斷擔心是另一種消極自我對話的形式。我們花過多的時間與精力，為自己捏造的虛偽事實或是無法控制的事情，而感到焦慮不已。或者，我們預料會發生最壞的情況。時時刻刻擔心的人會容易拖延，何足為奇？

另一種消極自我對話的形式是完美主義。我們認為任何不夠完美的東西，都是不能被接受的。但同時，我們直覺的知道，身為人類的我們，從本質上來說是不完美的。要求自己堅持一個不可能的標準，會阻礙我們採取行動。

由於消極的自我對話，對我們的行為可能會產生重大的影響，所以每當它出現時，粉碎它是很重要的。

第一，找出你習慣進行消極自我對話的生活領域。比如，每當你想到跟朋友相處時，你可能會進行消極的自我對話；或者你在考慮到保持身材時，可能會心存負面的想法；或者在工作表現方面，你可能會不斷的以負面的自我對話來壓垮自己。

第二，學會分辨出各種形式的負面自我對話。例如，如果發生不好的事情時，你會下意識的責怪自己，那麼你應該意識到這是消極的自我對話；如果你即將開始一項任務，你馬上就設想最壞的情況會發生，你同樣也應該分辨出那是消極的自我對話。

第三，每當你對自己有消極的想法時，就用正面、實際的說法。例如，假設你深信自己沒辦法把某一項專案做得很完美，因此拖延一項專案。這時你可以提醒自己，沒有人是完美的，通情達理的人也不會要求呈現完美狀態。此外，即使是一個不完美的工作成果，也可能超出每個人的預期。

讓這種作法成為一種習慣，這麼一來，它會變成是對消極自我對話的自動回應。

第四，讓自己的周圍擁有支援的人。比如，如果你被完美主義所拖累，那麼身邊有個朋友可以這樣告訴你會挺好的：「沒有人會期望你完美無瑕。專注、相信你的能力，我也相信你可以做得很好。」

消除消極的自我對話不是一蹴而就的事。這需要時間。不過，如果你不斷質疑每一個負面的內心想法，你會發現做這件事變得愈來愈容易。在這過程中，你會變得對自己的能力更正面積極、更樂觀，以及更樂於採取行動。

戰術 19

強迫自己「現在只能做這件事」

這個戰術跟「戰術16：盡可能刪除不必要的任務」有關。但此處，我們不僅僅專注於刪除你每日待辦事項清單上不重要的事項。我們想採取更激烈的方法。

首先，了解選擇在我們生活中扮演的角色，是一件很重要的事。我們多數人能以許多方式，自由的度過自己的時間。無論我們是要在家放鬆、或者在辦公室工作，都不乏有各種爭奪我們關注的選擇。其中有些選項能提供立即性的滿足感，誘使我們延遲當前提供較少的滿足感卻很重要的工作。

舉例來說，假設你正利用網路在工作。你的首要任務之一是，為你的工作閱讀一篇相關的科學論文。論文的內容長，且資訊量大得難以理解，因此需要投入大量的時間和精力。

如果你跟我一樣，在你的瀏覽器上打開多個分頁，而每一個分頁都是一個選項，它們會分散你處理眼前任務的注意力。那麼在這種情況下，選擇拖延閱讀科學論文，轉而閱讀能帶來更直接滿足感的內容，是個難以抗拒的誘惑。

解決方案就是，**刪除所有跟眼前任務無關的選項**。在上述範例中，這代表你應該關閉瀏覽器中，除了科學論文以外的所有分頁。

以下是另一個例子：

假設你在辦公室裡準備一場重要的演講簡報。問題是，這是個困難的工作，因此你很容易分心。你擁有其他選擇可以度過時間，包括查看電子郵件、聽語音信箱、參加即將進行的會議，或者到同事的辦公室裡聊天。

這些選項都是拖延為演講簡報做準備的藉口，而且選項當中，沒有一個跟準備演講同樣重要的事。

解決這個問題的辦法就是，拿起筆和紙，然後把自己隔離在會議室裡。把電腦和手機拋諸腦後。這麼做可以清除你的選擇，強迫你把自己的注意力集中在演講準備上。當你沒有別的事可做時，就很難拖延擺在面前的任務。

如果可以的話，盡量把你的選擇減少到只剩一項——理想的情況下，這是你的待辦事項清單上最重要的任務。接著，利用時間分段法選定時間，在這段時間內，你可以百分之百的把注意力集中在這項任務上。

最後，我想講一個有趣的故事當作結尾，是關於法國著名的小說家維克多．雨果（Victor Hugo）的故事。雨果曾受拖延所苦。他在巴黎寫了很多文章，巴黎是個到處都是酒吧、咖啡廳、公園，以及散步小徑的城市。這些選擇不斷的誘惑他放棄工作。

雨果意識到，外出會對他寫作的生產力造成負面的影響。於是他想出一個解決辦法。他把自己監禁在他的書房裡，每天都脫掉衣服，然後叫僕人把他的衣服藏起來。他進一步指示他的僕人在特定時間把衣服歸還給他，也就是雨果預測他可以完成當天工作的時候。

雨果以交出衣服的方式，消除了自己的選擇。他強迫自己待在書房裡一段時間，好讓自己完成當天的寫作工作。

我認為他掌握了可能導致自己拖延的原因。

如果下次你發現自己在拖延，請你清除所有與拖延的任務無關的選項。當你只留下一個選項時，會發現開始處理它變得容易許多。

戰術 20

找出拖延的原因

在「第一部分　我們為什麼會拖延？」中，我們探討了十幾種造成拖延的原因。雖然並不是所有原因都符合你個人的情況，但毫無疑問的，至少有幾個是你拖延的原因。

了解人們拖延的原因還不夠。你還必須找出你**本身**的誘發因素。只有這樣，你才能採取有目的性的行動來克服它們。

例如，你害怕失敗嗎？或者你害怕成功嗎？每一種原因需要一套不同的解決方法。

又或者，當你感到不知所措或無聊（兩種常見的誘因）時，你就很容易會拖延。每個阻礙都需要不同的解決辦法——猶如不同的治療過程。

表 10　拖延症自我檢測表

	當下進行的任務	誘發因素
1	洗衣服	懶惰
2	購買食材	懶惰、無聊
3	寫報告	無聊、不確定如何開始
4	找主管討論事情	不確定如何開始、不採取行動不會造成立即性的影響
5	聯絡客戶	懶惰、不採取行動不會造成立即性的影響

也許你對逆境的容忍度很低，當事情不如預期時會讓你無法正常運作，但你在做決定時卻從未產生問題。或者情況可能相反，你可以忍受大量的逆境，但做決定對你來說總是很難。在每種情況下，走向康復的路會看起來都不相同。

在「第一部分　我們為什麼會拖延？」的所有內容中，我強調了自己的障礙。我注意到完美主義是我過去的一大障礙；我也提到我總是不喜歡嘗試新事物；另外，我還指出我以前對不良事件的容忍度很低。

在採取措施解決誘發因素之前，我有必要分辨出哪些誘發因素是我的障礙。同樣的，我強烈的鼓勵**你**，思考一下造成**你**拖延的原因。

如何找出你自己的誘發因素

要回想誘發你以特定方式行動的線索很困難。因此，我建議你在誘因發生時，監視你的誘因。至少追蹤它們兩週。

具體方法如下：

每當你覺得自己要開始拖延時，停下來評估你的精神狀態。問問自己，那一刻是什麼阻礙了你採取行動。如果你需要一個著手之處，請回顧「第一部分　我們為什麼會拖延？」。

一旦你找到誘發因素，就把它寫下來。請注意，誘因可能不止一個。如果不止一個的話，請寫下所有誘因。

在兩週的時間內，你會看出規律。例如，你可能會注意到，你的拖延傾向是由於懶惰。或者你可能會發現，你經常拖延事情是因為，你為自己設定了不切實際的高標準（完美主義）。

這個活動的目的是，找出你個人的誘發因素。當你成功找出誘因之後，你就可以採取措施，做出有效的改變。

戰術 21

每週對你的目標進行審查

我強烈的主張每週進行個人的審查。它們有助於確保：在考慮你的短期、中期，以及長期目標時，你能盡量以最有效益的方式分配你的時間與精力。

我也主張使用多個待辦事項清單來管理任務與專案。至少，**你應該維護每日待辦事項清單與總待辦事項清單**。在理想情況下，你的總清單能提供一個或多個情境清單，好讓你更適當的管理你的工作量。

人們在維護總清單和情境待辦事項清單時，會面臨到的一個最常見的問題是，他們的清單累積得太長。新的任務與專案每天都會被加到清單裡，最後讓這些清單變得無法運作。

在這些任務和專案當中，有些很重要，它們也因為其重要性而被解決。另一些則不重要，但卻持續留在清單上好幾週、甚至好幾個月。隨著時間經過，它們成為一種負擔。它們是多餘的任務，而且只會製造混亂。當你的待辦事項清單愈雜亂，你就愈有可能因為強加在自己身上的大量工作，而感到暈頭轉向。

這種被壓垮的感覺是拖延的常見誘因，正如我們在「第一部分 我們為什麼會拖延？」所討論。

每週審查為你提供一種簡單的方法，讓你主動管理這個問題。它可以幫助你，把你的時間與精力集中在重要的工作上，而不是感覺被淹沒在大量重要和不重要的任務底下。

當你執行每週審核時，你會確定哪些任務對自己的目標來說必定不可少，哪些任務是可以刪除而不會有影響。隨著你的目標其重要性的調整，你也有機會重新排定任務的優先順序。

這個活動的目的是，整理你的待辦事項清單。藉由每週回顧目標，你可以快速評估：哪些任務與專案可以無需承擔任何後果的被丟棄。這能讓你的清單保持簡潔、有條理，而且比較不會讓你覺得負擔過重。

當你使用簡潔的清單來度過一週時，你會因為工作量而覺得負擔較輕。你可以專注於少數事項上，因為你知道完成它們可以幫助你達成目標，而不是無謂的消耗你有限的時間。

這可能是最終能幫助你克服拖延習慣的關鍵之一。

加碼戰術 1

使用誘惑捆綁

如果你從來沒聽過誘惑捆綁，那麼你可能會覺得它聽起來很奇怪。這個說法是由賓州大學華頓商學院（Wharton School of Business）教授凱瑟琳・米爾克曼（Katherine Milkman）博士所提出。

當米爾克曼試圖堅持有規律的運動卻失敗時，她有了這樣的想法。當時，她非常喜愛《飢餓遊戲》（*The Hunger Games*）這類科幻小說。因此，她把閱讀這類小說的誘惑，跟去健身房運動這件事捆綁在一起。為了達到堅持運動的目標，她只允許自己在完成每天的健身計畫之後，才能閱讀想讀的小說。

這個作法成功了。她發現把自己最喜歡的活動（閱讀科幻小說），跟難以堅持的習慣（運動）捆綁在一起，可以有效的達成目的。她在受到可以閱讀喜愛書籍的激勵下，開始每週去健身房五天。

米爾克曼描述所謂的誘惑捆綁就是：「將能夠立刻獲得滿足感的『想要』活動，與能夠提供長期利益但需耗費意志力的『應該行為』，結合在一起。」

換句話說，當你做了某些你應該做的事情時，就給自己獎勵。

誘惑捆綁不只能培養習慣，除此之外它也具有實際價值。你還能利用它，抑制你內在的拖延者。

例如，假設你遲遲不願意打掃你的車庫。因為這是一個肯定需要花費大量時間的大型任務。除此之外，你的車庫又熱、又布滿灰塵。說你不期待這件苦差事，只是含蓄的說法。

同時，我們也假設你喜歡一邊大吃大喝一邊觀看《黑道家族》（*The Sopranos*）、《權力遊戲》（*Game of Thrones*）、《唐頓莊園》（*Downton Abbey*），以及《法網遊龍：特案組》（*Law & Order:*

SVU）。你很喜歡看這些影集，以至於只想看影集，不想打掃車庫。

這時候，你可以把家務瑣事（打掃你的車庫）跟你想做的活動（邊大吃大喝邊看你最喜歡的電視節目）捆綁在一起。把後者當作完成前者的獎勵。也就是說，藉由允諾自己去做**想**做的事，以激勵自己去做**應該**做的事。假設你因為獎勵而受到充分的激勵，你就會有誘因，對眼前的任務採取行動而不是拖延。

你可以在這個影片中，觀看米爾克曼對誘惑捆綁的談論。[7]這個影片很短，只有五分多鐘。

如何建立誘惑捆綁系統

你需要兩個清單。第一個清單包含你必須完成的任務，第二個清單包含你想從事的活動（也就是你的獎勵）。

你可能已經擁有第一個清單。這就是你的每日待辦事項清單。那麼下一步是，編制第二個清單（獎勵清單）。以下是一些可能出現在第二個清單上的活動：

- 觀看你最喜愛的電視節目
- 玩你最喜愛的電玩遊戲
- 花時間使用臉書
- 去星巴克（Starbucks）享用你最喜愛的飲料
- 去散步
- 去附近的購物中心，購買新襯衫或衣服
- 跟朋友一起吃午餐

當你面前有兩個清單時，剩下的事就是：把每個你想拖延的任務，跟一個獎勵活動進行配對。獎勵所提供的立即性滿足感，應該跟完成事項所需的時間與精力相稱。

舉例來說，跟朋友一起吃午餐，對於打掃車庫來說可能是合理的獎勵。但是，對於倒廚房的垃圾來說，是個太大的獎勵。

我發現，誘惑捆綁在抑制我的拖延傾向方面非常有效。我建議你可以試試這個方法。你可能會發現，這是一個很好的方法，可以激勵自己去執行原本想拖延的任務。

加碼戰術 2

使用承諾機制

我們在前述的戰術中，曾提過承諾機制的使用，但沒有解釋何謂承諾機制。現在就讓我們來了解何謂承諾機制吧。

承諾機制是指任何可以約束你的行為、或限制你如何花時間的事情。舉例來說，假設你和朋友計畫要去你最喜歡的餐廳。進一步假設你在節食，因此你想抵抗甜點的誘惑。這時候，你可以給朋友一百美元，讓他知道如果你吃了甜點，他可以獲得一百美元。

這是承諾機制的一種。

另一個例子：假設你大部分時候都利用網路進行你的工作。問題是，你經常受到社群媒體、電子郵件，以及 YouTube 的干擾，每一個都只需點擊一下滑鼠就能讓你分心。為了把這類干擾拒之門外，你決定使用網站封鎖工具，像是Self-Control、StayFocusd、或FocusBooster。

網站封鎖工具是承諾機制的一種。

這個詞是由非小說類暢銷書籍《蘋果橘子經濟學》（*Freakonomics*）的作者，史帝文．李維特（Steven Levitt）與史帝芬．杜伯納（Stephen J. Dubner）共同提出。他們對承諾機制的定義如下：

「一種把自己鎖在一個行動路徑中的手段，而這個行動路徑是你可能不會選擇，但會產生預期結果的行動路徑。」

承諾機制會限制你的選擇。承諾機制讓你的理性自我（一個知道你應該做什麼，並且擁有良好的判斷力去採取相應行動的人）掌權。它把你的不理性自我（一個傾向於拖延重要的任務，轉而選擇那些可以獲得立即性滿足感的人）驅逐到後位。

承諾機制對行為所施加的限制，對於激勵我們採取有目的性的行動上來說，是無價的。我們與其被迫選擇如何在不同的選項中分配時間，不如讓自己擁有更少的選項。理想情況下，我們會只剩下一個選項：亦即眼前應該處理的任務。

例如，假設你需要為你的工作準備一場報告。你預計這項任務需要花兩個小時來完成。但你所面臨的挑戰是，你寧願花時間看 YouTube 影片、閱讀新聞、或跟同事聊天。以下是利用承諾機制來幫助你，確保你專心執行任務的一種方式。

步驟 1：到 StickK.com 的網站，接著選擇一個目標（例如，在兩小時內完成簡報準備）。

步驟 2：設置賭注（如一百美元）。

步驟 3：指定一名裁判。選擇同事、你的上司或行政助理——某個可以密切關注你的人。

步驟 4：向你選擇當裁判的人，告知他／她的角色。

如果你在兩小時內完成你的演講準備，你就不用付出任何錢。

但是，如果你沒有達成你的目標，StickK.com 就會通知你的裁判，並要求你的裁判驗證結果。接著，你的信用卡將會被收取一百美元（你所選擇的賭注）。

有了這個具體的承諾機制，你可以延遲準備你的報告，然後花時間看影片、閱讀時事，以及跟同事聊天。但是這樣做是要付出代價的——值得注意的是，這個代價是你自己設定的。如果賭注夠大，你就會覺得你有必要去準備報告。

承諾機制並不是被拿來當作行動誘因的近代發明。你可能還記得，在學校讀過關於西班牙殖民者荷南．科爾特斯（Hernán Cortés）的事蹟。一五二一年，科爾特斯在前往阿茲特克帝國（Aztec Empire）的首都特諾奇提特蘭（Tenochtitlan）之前，把自己的船燒毀了，並且讓船沉入海底。這麼一來，他限制了那些可能叛變的士兵們的選擇。因為船沉沒了，他們別無選擇，只能繼續前進。

所幸，我們多數人現在的賭注沒那麼嚴重。即便如此，承諾機制在幫助我們征服內心的拖延者上，會是非常有用的方法。如果你想拖延一項重要的專案，去選擇享受立即性的滿足感，那就設置一個承諾機制。它將會讓你專心在任務上，鼓勵你去執行你想拖延的專案。

加碼戰術 3

原諒自己

如果你閱讀過我的其他書籍，你就會知道我是自我寬恕（self-forgiveness）的忠實擁護者。**從我的觀點來看，每當你發生處理不當的情況時，對自己仁慈是非常重要的。責備自己未必有助於解決問題。**

當你拖延時，情況亦是如此。事實上，責罵自己可能會讓事情變得更糟。畢竟，讓自己覺得自己是個失敗者，並不是帶來正面改善的良好激勵因子。

值得重申的是，拖延是一種習慣。它需要長時間學習，也會在每次我們做的時候得到強化。經過多年的實踐之後，它已經深植在我們的腦海裡，成為我們日常生活的一部分。我們下意識的尋找方法，以延遲執行不吸引人的任務。

想要打破這種根深蒂固的習慣，並非一夜之間就會發生。這種習慣是多年的結果，因此需要花時間來抑制。

在這過程中，你肯定會經歷一些小挫折。沒事的！原諒自己，重新振作起來，再繼續向前邁出一步。

研究顯示，自我寬恕對於抑制拖延症來說極為重要

自我寬恕有助於打破拖延習慣的這個觀點，是有科學依據的。二〇一〇年，麥可・沃爾（Michael Wohl，加拿大卡爾頓大學〔Carlton University〕心理學教授）、皮奇樂（本書前面所提的《解開拖延之謎》作者），以及夏農・班尼特（Shannon Bennet，心理醫生）進行了一項研究。他們提出這個問題：「如果我們在拖延之後原諒自我，那麼下次我們面臨類似的任務時，我們是否比較不會拖延？」

為了得到這個問題的答案，沃爾和他的同事追蹤了一百三十四名大學一年級學生，這些學生的任務是為兩場相繼的考試做準備。學生們被要求報告四件事項：

1. 他們是否拖延為第一次的考試學習。
2. 他們是否為此感到內疚。
3. 他們是否原諒了自己。
4. 他們是否拖延為第二次的考試學習。

沃爾、皮奇樂和班尼特三人特別著重於觀察：**當學生決定拖延為第一次考試做準備之後，原諒自己對他們有什麼影響**。他們主要觀察，自我寬恕是否會減輕學生的內疚感與情緒困擾，以及自我寬恕對於準備第二次考試的拖延程傾向有何影響。

沃爾與他的同事發現，願意原諒自己的學生，更有可能改變他們未來的行為。**也就是說，他們比較不會拖延為第二次考試學習**。

研究人員得出下列結論：

「原諒可以讓一個人擺脫過去不良的行為，並專注於即將到來的考試，無須背負過去的行為而阻礙了學習……學生藉由了解拖延是自己的過失，並透過自我寬恕放下過失帶來的負面影響，他們能夠積極的為下一次的考試而學習。」[8]

換個有趣的說法就是，原諒自己第一次的拖延行為，降低了第二次拖延行為發生的可能性。

關鍵點：原諒自己

撇開科學與研究不談，你或許可以從經驗中了解，因為延遲一項專案而責備自己，不會帶來長期行為的改變。如果有帶來任何改變的話，那就是讓你對自己的決定感到遺憾。

原諒自己，能夠給你一個機會去為自己的決定承擔責任、去面對伴隨著遺憾而來的痛苦，以及最重要的是能夠向前邁進、下定決心以不同的方式走下去。

自我寬恕的過程，可以幫助你馴服拖延這隻野獸，但自我指責只會讓這隻野獸變得更兇猛。

接下來……

我們剛介紹完二十幾種戰術，你可以利用它們來克服拖延習慣。但是，有沒有可能，有時拖延是真的**有幫助的**呢？答案（就在後面幾頁中能找到）可能會讓你感到驚訝。

第三部分

偶爾拖延也無傷大雅，還能增進生產力？

The Procrastination Cure

到目前為止，我們已經討論過拖延是完成事情的阻礙的情況。但是我們還有更多故事沒說。有時候拖延是有幫助的，因此，擁抱它而不是試圖抑制它是合理的作法。

這聽起來似乎違反直覺。通常我們想到拖延事情，都是在它對工作效率有負面影響的情況下。但在接下來幾頁的內容中，我會向你介紹一種拖延的形式，實際上它能幫助你的工作效率變得**更好**。

下列內容並不代表准許你隨意拖延事情。其目的不是啟動你內心的拖延者。相反的，向你介紹這種不同於「傳統的」拖延，是為了幫助你根據你打算處理的任務，更妥善的安排你的一天。

如果上述聽起來讓你很困惑，請別擔心。接下來的時刻，所有事情會變得更清晰。

讓我們接著看吧……

主動拖延的藝術

「主動拖延」這個詞聽起來像是反襯修辭，就像是「悲慘的喜劇」或「公開的秘密」。延遲任務與專案的行為代表著不採取行動。那麼，如何讓這種行為變成主動呢？

描述得最好的答案，就是美國幽默家羅伯特．班奇利（Robert Benchley）所說的一段話：

「只要某件事不是某個人當下應該做的工作，無論工作量多少他都可以完成。」

如果你今天必須做的最重要的事情，讓你覺得非常害怕，那麼你會找其他的事情來做，以取代去做你該做的事。**被動**拖延者會用能獲得立即性滿足感的活動，來填補時間。他不太會去考慮任務的優先順序。

主動拖延者會去處理他認為跟原本的任務一樣重要（也更緊急）的其他任務。

舉例來說，假設你打算徹底打掃你家。你預計這項「專案」需要花費三個小時與大量的精力。如果說你很害怕，那麼這種形容簡直是輕描淡寫。

假如你是一個**被動**拖延者，你可能會延遲打掃房子，選擇邊大吃大喝邊觀看網飛上你最喜歡的節目。

但假如你是一個**主動**拖延者，你會延遲打掃房子，然後花時間去付帳單、去雜貨店，以及準備晚餐。你選擇先處理跟打掃家裡一樣重要，但可能更為急迫的任務。

身為一個主動拖延者，你終究會抽出時間去打掃房子，尤其是如果你給自己設定了一個截止日期。你可能會用剩餘的時間去完成這項

「專案」，但它將會完成。

總而言之，這就是主動拖延。研究人員發現，這種作法會對我們如何利用我們的時間，產生正面的影響。[9]

主動拖延如何提高你的生產力

主動拖延特別適合能夠適應壓力的人。更進一步來說，這些人善於根據不同選項它們各自的優先順序，決定如何在不能同時接受的選項中分配時間。

這與傳統的拖延者截然不同，傳統的拖延者會浪費時間去做他不應該做的事情。主動拖延者在拖延讓人恐懼或討厭的任務時，他們不會去使用 YouTube 觀看影片。他們是去處理**其他**重要的任務。

因此，有紀律的主動拖延者是非常有生產力的。雖然他可能不是按照最初的計畫來完成事情，但他的待辦事項清單上的每件事都會順利完成。

此外，由於主動拖延者會讓自己處於必須在壓力下工作的環境之中，因此他們不太可能會被完美主義所阻礙。他們默默的允許自己做得不夠完美。

值得注意的是，並非所有生產力專家都認同，主動拖延會帶來正面結果的觀點。例如，本書前面提到的《解開拖延之謎》一書的作者皮奇樂認為，拖延它的本質就是自我調節（self-regulation）的失靈。為此，他提出以下的說法：

「自我調節失靈的其他例子包含酗酒、無法克制的賭博或購物，以及暴飲暴食。你能想像把『主動的』這個副詞放在上述這些詞前面，以描述這些行為積極的一面嗎？我不這麼認為。」[10]

雖然我很喜歡皮奇樂在拖延這個主題上的作品，但我不同意上述的論述。我認為在主動拖延的情況下，自我調節失靈並不如他所說的那麼糟糕。**身為主動拖延者，我們有能力拖延任務，也同樣有能力完成大量的工作。為此，如果應用得當，主動拖延或許可以提高我們的生產力**。

我從經驗中得知這點。我敢打賭，你也能從經驗中了解這點。

番外篇

克服拖延症的問與答

你可能帶著許多關於如何克服你內心拖延者的問題，開始閱讀《一流自雇者的時間管理術》一書。我希望到目前為止，我們所介紹的內容已經回答你大部分（如果不是全部）的問題。

話雖如此，你可能還留有一些更值得關注的問題。接下來，我會試著透過回答最常見的一些問題（是我的生產力電子報訂閱者向我問過的問題），來解決你的還遺留的問題。

「我一直以來都是拖延者。我真的能克服這個壞習慣嗎？」

當然可以！我就是一個相當好的研究案例。

在我的大學期間，我幾乎把拖延的實踐變成了一種藝術形式。我會拖延任何困難、或是令人感到不愉快事情，即使這件事只露出了一點點困難、或是令人感到一點點不愉快的跡象。這是我從小就練就的「技能」。

最後我扭轉了局面，主要歸功於我在「第二部分　二十一招超強時間管理術，幫你戰勝拖延！」中與大家分享的戰術。

這不是一蹴可幾的事。事實上，我花了幾個月的時間，來界定我的優先順序、評估我的失敗，然後終於學會如何持之以恆的採取行動。

如果我能做到，你**肯定**也可以做同樣的事。事實上，如果你花的時間更少，我也不會感到驚訝。

重要的是你要記住，**採取行動（拖延的勁敵）是一種習慣。它和其他任何一種習慣一樣，想培養它就需要花時間。**

當你想在生活中養成一個新的習慣或規律，我堅信採取小步驟會很有幫助。這是適應你的頭腦（有時是你的身體），並且讓習慣堅持下去的最佳方法。

我建議你花一週的時間，去體現我在「第二部分」中跟大家分享的每一種戰術。讓每個戰術成為一個單獨的習慣。等你抵達第二部分的終點時，你便能掌握最終控制內心的拖延者所需的工具。

「我經常因為社群媒體而分心，因此落到拖延重要工作的地步。我該如何控制我的社群媒體成癮症？」

依我的觀點來看，控制社群媒體成癮症的最佳方法就是，使用以下從三方面著手的方法……

第一方面：關閉手機通知。

第二方面：對自己強制實行時間限制。

第三方面：花更多時間跟「現實生活」中的人相處。

儘管如此，重要的是你應該找出，社群媒體造成你拖延工作的原因。你可以隨時瀏覽臉書。但為什麼偏偏在重要的任務或專案迫在眉睫時，選擇這樣做呢？

恕我冒昧的說，這一個原因（或幾個原因）可以在「第一部分 我們為什麼會拖延？」中找到。

例如，你可能因為害怕失敗而不採取行動。因此你選擇去查看推特上發生什麼事情，而不是解決眼前的任務。

或者，你可能受到消極的自我對話纏身。因此你選擇使用 Instagram 或 Pinterest，而不是質疑自己負面的想法然後勇往直前。

問題的關鍵是，在這種情況下抑制你的社群媒體成癮症，可能無法解決你的拖延傾向。如果你內心的拖延者是由其他誘因所驅動，你還是會找到其他轉移自己注意力的方法。

我建議你重新回顧「第一部分　我們為什麼會拖延？」。問問自己，在這個章節中所列出的每個原因，是否在你的生活中發揮極具影響力的作用。如果是的話，那麼請專心解決這些原因。你可能會發現，你的社群媒體成癮症並不是你所認為的分心。

「我已經成功完成一項，我一直覺得令人卻步的專案。我該如何持續保持這股動力？」

恭喜你！花一點時間慶祝這場成功。在這一刻，慶祝看起來或許是一件小事，但是感謝自己的成就，會讓你覺得很棒。而且這麼做會**鼓勵你一次又一次的採取行動，直到採取行動成為根深蒂固的習慣。**

每次當你從你的待辦事項清單上劃掉一項任務時，你都會享有一種有意義的成就感。把它當作燃料，繼續往前走吧！

「我拖延是因為我感到不知所措。我該如何解決這個問題？」

正如我們在「第一部分　我們為什麼會拖延？」中提到，不知所措的感覺是很常見的拖延誘發因素。面對大量的任務，我們因為無所作為而陷入癱瘓。

我發現克服這種認知癱瘓最好的方法就是，列出一個清單，接著先從解決最簡單的任務開始。

譬如，假設你有幾十件事要做，因此你覺得應付不過來。以下是我處理這種情況的方式……

步驟1：把所有待辦事項列到清單上。

步驟2：確定今天必須完成的事項。把它們放在單獨的清單中，並從第一個清單中劃掉。

步驟3：根據待辦事項完成的容易程度，對今天的待辦事項進行排序。

步驟4：從最簡單的事項開始。接著，做排名第二簡單的事項。依此類推。

我通常主張「先吃青蛙」，或者先解決最讓你感到害怕的任務（參考「第二部分　二十一招超強時間管理術，幫你戰勝拖延！」中的「戰術1」）。但是，如果你不知從何處理起，那麼開始與建立一些動力是更重要的。最好的方法就是只關注今天需要完成的任務，並且從最容易摘到的果實先解決。

先完成簡單的任務，可以減少待辦事項清單上的任務量，同時也可以讓你充滿成就感。這麼一來，你就比較不會感到那麼無所適從。這麼做同時也可以激勵你，去解決清單上更困難、或更耗時的任務。

「我是一個慢性拖延者。與其對抗拖延的欲望，我不能實踐主動拖延就好嗎？」

或許可以。但也可能沒辦法。

如果你還記得我們對於主動拖延的探討，你就會記得被動與主動拖延者之間，有一個關鍵性的區別。前者是在沒有任何優先順序意識的情況下，拖延任務。他們拖延是為了追求短期的滿足感。

主動拖延者則是拖延任務，去執行其他重要的任務。這並非僅僅是自我調節的失靈；這是一種延遲戰術，某種程度上要歸功於在壓力環境下工作所激起的腎上腺素，它帶來了生產力的提升。

大多數慢性拖延者都是**被動**拖延者。我當然也是。對我來說，從被動到主動的轉變，不是一件容易的事。事實上，如果我選擇放棄克服我的內心拖延者這個目標，轉而選擇立刻採用實踐主動拖延的方法，那麼將會是一場災難。

如果你有興趣實踐主動拖延，那麼我會建議你，先抑制你拖延事情的傾向。當你控制了人生中拖延事情的這一面之後，再去嘗試主動拖延。

你可能還有其他關於如何克服你內心拖延者的問題。我很難預知這些問題的性質。我建議你可以透過電子郵件跟我聯繫，請寄信到我的電子郵件信箱：damon@artofproductivity.com。

終篇

實踐才是解方

如果你正在努力管理你的拖延習慣，你並不孤單。我們所有人都面臨著相同的困擾。事實上，我們每天都持續在面對它。抑制這個習慣，就像是戒酒的人尋求長期清醒的經歷一樣：總是會有始終存在的誘惑要「擺脫」。復發的可能性是恆常存在的。

不要因為這個事實而灰心喪志。每當你被誘惑而拖延事情時，你愈常採取行動，你採取行動的習慣就會愈來愈根深蒂固。久而久之，拖延的誘惑可能就會愈來愈弱。採取行動將變得愈來愈容易。

前面說了這麼多，我想說的重點是，**你應該要體認到，如果你沒有下定決心要使改變成真，那麼改變就不可能會發生。因此，我強烈建議你不要只是閱讀本書。你更應該將內容應用於日常生活當中。**

利用「第一部分　我們為什麼會拖延？」，當作分類檢查表，以辨別出導致你拖延的特定誘發因素。

將「第二部分　二十一招超強時間管理術，幫你戰勝拖延！」當作戰術手冊，以遏止拖延習慣。把每個戰術（一次一個）融入到你的日常生活中。我百分之百相信，你會對結果感到很驚喜。

將「第三部分　偶爾拖延也無傷大雅，還能增進生產力？」當作一個嘗試主動拖延的機會。這種作法並不適合所有人。但是，想知道它是否適合你，唯一的方法就是試試看。

這本書的每一頁，幾乎都提供了實際可行的建議。本書刻意淡化理論部分，著重於實用的技巧。以下是我建議你閱讀本書的方式：

首先，鑑於你正在閱讀本章節，因此我大膽的假定，你已完整閱讀完這本書。你已經熟悉與抑制拖延習慣有關的核心概念。

現在，重新回顧每個章節。當你回顧每個章節時，當一個「主動的」讀者。當你重新閱讀「第一部分」時，寫下你本身拖延的誘發因素。根據我提出的建議採取行動，以減輕這些誘發因素對你的影響。

當你重新閱讀「第二部分」時，採用每一種戰術。如同我們前面所討論，慢慢的繼續進行。每週將一種戰術融入你的生活中，讓它成為一種習慣之後，再繼續採用下一個戰術。

當你重新閱讀「第三部分」時，想一想如何慢慢的將主動拖延融入你的生活。同樣的，把它當作一個實驗，好讓自己知道主動拖延對你來說是否有用。

最重要的是：**你有能力對你的生活做出積極的改變。你擁有掌控權。一切都在你的掌握之中。這本書提供了簡單的藍圖，它能帶你從目前的情況，走到你想要抵達的目的地。而你需要做的剩餘的事，就是跟著地圖走。**

這並不容易，也不會很快發生。我們大部分的人，都讓內心的拖延者自始至終存在生活中。因此，要克服拖延習慣可能需要耗費相當長的時間。當你內心想要努力維持現狀時，可能就會面臨內部阻力。

最後，如果你採用本書所提供的妙招與建議，你會發現你漸漸的比較不會拖延事情。拖延的誘惑永遠存在，但你會沒那麼容易受制於這種誘惑。這時候你就會知道，你贏得了這場戰役。

在你再次閱讀這本書之前，請你下定決心打破拖延的習慣。許下你的諾言，採納我推薦的每一種戰術。我相信你會注意到，在幾週之內，你的拖延傾向就會發生顯著的變化。你也會注意到，採取行動會讓你覺得自己更強大。在幾個月的過程中，你會開始期待，去處理那些曾經讓你感到害怕的任務與專案。

當你經歷此蛻變時，我很樂意收到你的來信。請你寄到下列信箱與我聯繫：damon@artofproductivity.com。跟我說說你本身的成果，並分享你的小失誤。

你喜歡閱讀本書嗎？

我深感榮幸，你已經讀完這本書。你其實可以花時間做一些更有趣、更令人興奮的事情，但你卻決定緊跟著我讀完了這本書。謝謝你。

學習控制我內心的拖延者，改善了我生活中的許多方面。我相信你也會擁有同樣的經歷。我希望我在這本書中分享過的各種技巧與戰術，將會在你的經歷中發揮作用。

如果你喜歡閱讀這本一書，可以幫我一個忙嗎？你可以到亞馬遜網站留個簡短的評論，說出你喜歡本書的地方嗎？你的評論將會鼓勵其他人閱讀它。

附帶說明：未來一年我打算推出幾份行動指南。我覺得你會愛上它們。如果你希望在我發布它們時收到通知，並且獲得早鳥折扣價，那就請你加入我的郵寄名單。你將會收到一份四十頁的ＰＤＦ檔，是我寫的電子書，標題為《快速提升你的生產力！為了搞定更多事，你必須培養的十大習慣》。

你可以到以下網址，加入我的電子郵件清單：http://artofproductivity.com/free-gift/。

你也會透過我的電子報，收到我的最佳生產力與時間管理實用技巧。我會告訴你，如何充分運用你的時間、養成良好的習慣，以及打造一種真正有意義的生活方式！

祝你一切順利，

戴蒙·札哈里斯

http://artofproductivity.com

與拖延有關的名言

「你可以拖延，但時間不會停止，而且錯過的時間永遠不會重來。」

You may delay, but time will not, and lost time is never found again.

——班傑明・富蘭克林（Benjamin Franklin）

「拖延是光陰的竊賊，抓住他。」

Procrastination is the thief of time, collar him.

——查爾斯・狄更斯（Charles Dickens）

「遷延蹉跎，來日無多。」

In delay, there lies no plenty.

——威廉．莎士比亞（William Shakespeare）

「只把死了還沒做也沒關係的事，留到明天。」

Only put off until tomorrow what you are willing to die having left undone.

——畢卡索（Pablo Picasso）

戴蒙．札哈里斯的其他著作

- 《晨間改造：如何提高你的生產力、讓你的能量大增，以及創造與眾不同的生活——每個早晨一個改造！》（*Morning Makeover: How To Boost Your Productivity, Explode Your Energy, and Create An Extraordinary Life - One Morning At A Time!*)

  你希望每一天都有好的開始嗎？本書將告訴你，如何打造高品質的早晨例行習慣，帶你迎接更多成功的每一天！

- 《快速聚焦：掌握你的注意力、無視干擾，以及在更短的時間內完成更多工作的快速入門指南！》（*Fast Focus: A Quick-Start Guide To Mastering Your Attention, Ignoring Distractions, And Getting More Done In*

Less Time!)

你經常分心嗎？你在做事情短短幾分鐘之後，就會開始心不在焉嗎？學習如何養成超集中專注力！

- **《小習慣革命：透過小習慣的力量，以10個步驟改變你的生活！》**

（*Small Habits Revolution: 10 Steps To Transforming Your Life Through The Power Of Mini Habits!*）

你每天只有五分鐘嗎？利用這個簡單、有效的計畫，培養任何你想要的新習慣！

- **《一流工作者都在用的待辦清單：省時、減壓、事情做得完的神奇高效公式》**

在你一步一步的打造完待辦事項清單系統之後，它將能真正的幫

助你完成工作！（中文版已由樂金文化出版）

- **《三十天生產力計畫：擺脫三十個破壞你的時間管理的壞習慣——一天一個！》**（*The 30-Day Productivity Plan: Break The 30 Bad Habits That Are Sabotaging Your Time Management - One Day At A Time!*）
  你需要每日行動計畫來幫助你提高你的生產力嗎？這是一份三十天的指南，它是你的時間管理難題的解決方案！
- **《數位排毒：拔掉插頭，重新找回你的生活》**（*Digital Detox: Unplug To Reclaim Your Life*）
  你是否沉迷於科技？本書將告訴你，如何脫離科技，並且擁有能夠帶來長久幸福的真實、有意義的人際關係。

- **《時間分段法：十步驟行動計畫，幫助你提升你的生產力》**（*The Time Chunking Method: A 10-Step Action Plan For Increasing Your Productivity*）

  這是目前最流行的時間管理策略之一。透過簡單的十步驟系統，讓你的生產力翻倍。

若想了解完整清單，請至下列網址：http://artofproductivity.com/my-books/。

註釋

1 https://www.ted.com/talks/jk_rowling_the_fringe_benefits_of_failure

2 www.Todoist.com

3 http://journals.sagepub.com/doi/abs/10.1111/1467-9280.00441

4 http://www.businessinsider.com/science-behind-whyfacebook-is-addictive-2014-11

5 http://journals.sagepub.com/doi/abs/10.1177/089443930101900403

6 https://medium.com/@cshirky/why-i-just-asked-my-studentsto-put-their-laptops-away-7f5f7c50f368

7 https://www.youtube.com/watch?v=snHnUc9Yudk

8 http://www.sciencedirect.com/science/article/pii/S0191886910000474

9 https://www.ncbi.nlm.nih.gov/pubmed/15959999

10 https://www.psychologytoday.com/blog/dontdelay/200907/active-procrastination-thoughts-oxymorons

國家圖書館出版品預行編目（CIP）資料

一流自雇者的時間管理術：打敗拖延症，每天只做7件事！／戴蒙．札哈里斯（Damon Zahariades）著；劉奕吟譯. -- 初版. -- 臺北市：樂金文化出版：方言文化發行，2019.11
240 面；14.8×21 公分
譯自：The procrastination cure: 21 proven tactics for conquering your inner procrastinator, mastering your time, and boosting your productivity!

ISBN 978-986-98151-5-4（平裝）

1. 工作效率　2. 時間管理

494.01　　108017717

一流自雇者的時間管理術

打敗拖延症，每天只做 7 件事！

The procrastination cure: 21 proven tactics for conquering your inner procrastinator, mastering your time, and boosting your productivity!

作　　者　戴蒙．札哈里斯（Damon Zahariades）
譯　　者　劉奕吟

編　　輯　林映華
編輯協力　黃愷翔
總 編 輯　陳雅如
行 銷 部　徐緯程
業 務 部　葉兆軒、林子文
管 理 部　蘇心怡

封面設計　萬勝安
內頁設計　顏麟驊

出版製作　樂金文化
發　　行　方言文化出版事業有限公司
劃撥帳號　50041064
通訊地址　10045 台北市中正區武昌街一段 1-2 號 9 樓
電　　話　(02)2370-2798
傳　　真　(02)2370-2766

定　　價　新台幣 350 元，港幣定價 117 元
初版一刷　2019 年 11 月
I S B N　978-986-98151-5-4

Printed in Taiwan

樂金文化　方言出版集團
BABEL PUBLISHING GROUP

Printed in Taiwan